学霸都在用的超级记忆书

蓝贵·著

中国纺织出版社

内 容 提 要

本书将教会你如何提高记忆力、升级大脑并挑战最强大脑，内容分为理论、方法和实战应用三部分，循序渐进且系统地介绍了世界记忆大师常用的记忆方法和信息处理技巧，以及作者在长达十几年进行记忆法研究、教学和训练过程中积累的学科记忆应用技巧等。理论方面为记忆法的研究使用提供了科学依据，内容深刻但清晰易懂；方法方面优化了大家常见的连锁法、故事法、定位法、思维导图和记忆宫殿等；实战应用方面包括九大学科的记忆方法，无论语数英数理化，还是生活中任何需要牢记的资料，世界记忆大师蓝贵传授的全脑口诀都能让你成绩UPUPUP！

图书在版编目（CIP）数据

学霸都在用的超级记忆书 / 蓝贵著. —北京：中国纺织出版社，2018.9

ISBN 978-7-5180-5226-4

Ⅰ.①学… Ⅱ.①蓝… Ⅲ.①记忆术 Ⅳ.①B842.3

中国版本图书馆CIP数据核字（2018）第154256号

策划编辑：郝珊珊　　　责任印制：储志伟

中国纺织出版社出版发行

地址：北京市朝阳区百子湾东里A407号楼　邮政编码：100124

销售电话：010—67004422　传真：010—87155801

http：//www.c-textilep.com

E-mail：faxing@c-textilep.com

中国纺织出版社天猫旗舰店

官方微博http：//weibo.com/2119887771

北京佳信达欣艺术印刷有限公司印刷　各地新华书店经销

2018年9月第1版第1次印刷

开本：710×1000　1/16　印张：21

字数：297千字　定价：62.80元

目录

第一章

科学依据——大脑和记忆概述

第一节　大脑概述

大脑就像一台大型机器，要想制造出一流的产品，拥有一流的记忆，就必须具备以下4个条件：

（1）超级大脑。（2）信息来源。（3）信息加工。（4）持续的运转。

超级机器——大脑

一台机器的关键有两方面：一方面是机器结构；另一方面是运行原理。我们先来了解一下大脑这台机器的结构。

（一）宏观：左右脑

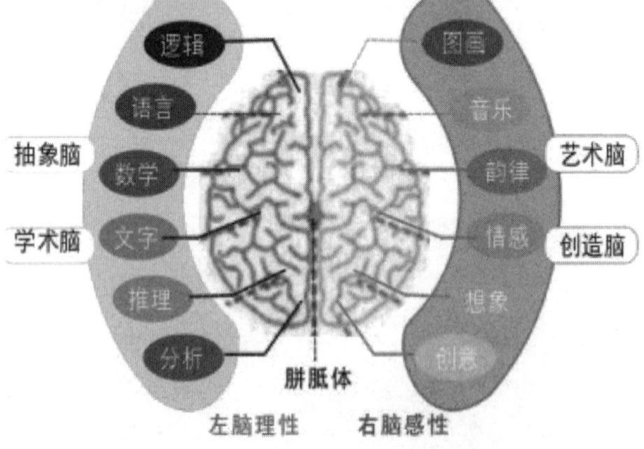

左右脑功能图

1. 结构

宏观上把大脑分为左脑和右脑，并且左右脑与人体对侧支配，左脑控制右半身，右脑控制左半身，并且左右不均衡发展。

2. 功能

（1）左脑——**以理解为主**，是理性的脑。包括逻辑、推理、分析、判断、说话、阅读、书写、抽象理论、计算、语言文字、数学等，属于抽象思维，可以帮助分析确定事物的逻辑顺序。

（2）右脑——**以想象为主**，是感性的脑。包括想象、图形、艺术、知觉、情感、综合等，属于形象思维，可以凭着直觉去进行跳跃性的思考。

1981年，美国医学博士斯佩里提出了“左右脑分工”理论，获得“诺贝尔奖”。他用实践证明：人的左脑是抽象思维的中枢，右脑是形象思维的中枢，左右脑具有不同的功能，从而推翻了“右脑是优势脑，左脑是劣势脑”的传统观念。斯佩里博士还通过一系列以裂脑人为研究对象的实验将人类的左右脑分工情景描绘得越来越清楚。接着美国心理学家奥斯丁又发现，人们的左右脑较弱的一边受到激励而与较强的一边合作时，会使大脑的总能力和总效应增加5倍甚至10倍。

经验分享

在学习中既开发左脑，又开发右脑，使之协调一致，彼此配合，以达到开发大脑潜能，提高学习效率的目的。全脑学习，就是要将过去“一个人”干活转变为“二人干”。

（二）微观：脑细胞记忆物质的生成

1. 脑细胞的结构

脑细胞呈星形，每一个细胞都可以伸出成千上万个“触角”，每个细胞触角的连接线路也就是记忆所说的线路。

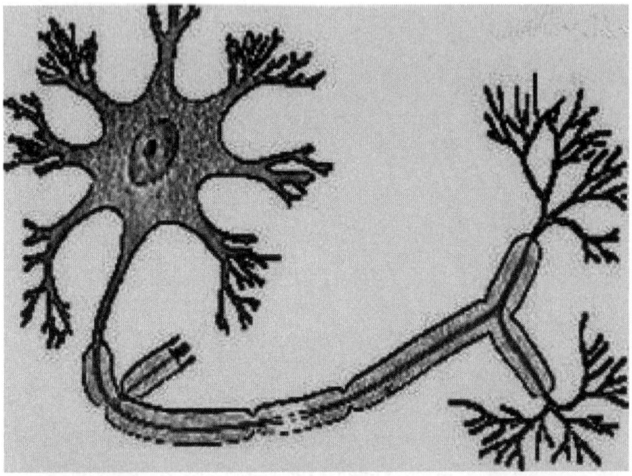

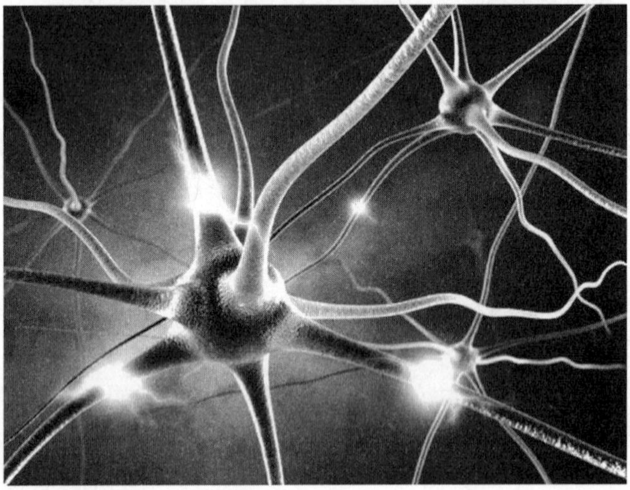

2.脑细胞运行原理

（1）记忆的过程。

它包括接线、维护、再现或再认3个方面。

①接线：即大脑皮层的细胞之间形成了相应的暂时神经连接。

②维护：即暂时联系以连接好的形式留存于脑中。

③再现或再认：暂时连接的再次呈现。

通过接线和维护可积累知识经验，通过再现或再认可恢复过去的知识经验。

（2）记忆的4种效果。

①记得快，忘得慢——接线接得快，维护做得好，这是最好状态。

②记得快，忘得快——接线接得快，维护没有做好，这种状态需要我们加强维护，也就是复习，复习是维护的最佳手段。

③记得慢，忘得慢——接线接得慢，维护做得好，这种状态需要我们加快接线速度。

④记得慢，忘得快——接线接得慢，维护没有做好，这种状态不仅需要我们加强维护，而且需要加快接线速度。

经验分享

全脑口诀的记忆方法最大的优势不一定是记得快，而是记得长久。记忆再快，如果不够长久那就无法在需要时得到应用。这也是很多家长为什么对于现行的记忆比赛不那么积极的原因。与主要考察即时记忆的记忆比赛不同，学生考试通关需要的是长久的记忆，所以全脑口诀的研究重点首先是如何能记得更长久，其次才是如何记得更快。

3. 脑细胞数量：1000 亿左右

在2岁左右，人的脑神经细胞基本停止分裂。不过，在任何年龄段，脑细胞都会萌发出新的**树突**，建立新的**突触**，形成新的联系网络。而在大脑能力的开发与应用上，起决定作用的恰恰是由突触建立起来的**细胞连接**情况。有些人虽然脑细胞数目较少，却可以获得与他人相同或更高的智力，关键在于神经元网络的复杂程度和**突触**连接的数量。据此，可指导人们开发、改善和保护大脑功能。

大脑有1000亿脑细胞，而利用不到100亿。就连像爱因斯坦那样的大科家其大脑利用率也不足20%。我们的“脑矿”远远未完全开发。

4. 记忆容量

记忆容量跟脑细胞种类、数量和连接有关。人的大脑就是一个沉睡的巨人，如果大脑开发50%，那么我们就能轻松做好3件事。

（1）读12个博士学位（现在考一个大学都很累）。

（2）学会40国语言（现在一个英语都很费劲）。

（3）轻轻松松地把大英百科全书倒背如流。

经验分享

在目前的记忆法领域，很多普通人经过训练可以做到：

背诵《**新概念英语**》的每一篇课文；

背诵四书五经；

在很短时间内背下小学、初中、高中所有要背诵的篇目。

此外，有一位美国妇女可以记得自己以前所有的事情，知道哪天天气怎么样，自己去了哪里；有一位叫金皮克的男士，可以记住自己看过的所有书98%的内容，知道什么内容在哪一页。

信息来源——大脑吸收信息的途径

人接受信息，首先是通过声音，胎儿的发育也从耳朵开始，然后才是眼睛，之后才慢慢学会用脑袋去思考。

从上面的简单阐述中，我们可以知道，大脑吸收信息的途径主要有以下4种，一切记忆法的研究也从这4个方面出发。

（一）耳朵——听——声音：耳听

听力方面最厉害的要数音乐家，比如贝多芬和莫扎特等音乐大师，他们听到音符就好像看到了画面，就立即产生了情感，而我们呢？大多数人听完一首曲子只知道好听还是不好听，几乎听不出什么特殊的情感在里面。不过在记忆领域，有一项比赛是一秒钟听英文数字，最多可以听到500个数字，这种听记能力也是可以通过一定方法训练出来的。

（二）眼睛——看——形状：眼看

正常人接受外来信息几乎95%是用眼睛捕捉到的，眼睛在记忆方面的作用也非常重要。俗话说百闻不如一见，事实上，在记忆领域，这句话同样适用，“耳听”所产生的记忆效果往往比不上“眼看”的效果。在记忆领域，我们往往听到的是过目不忘，很少有过耳不忘，这是因为看到比听到更加容易记忆。

（三）脑袋——想——意义：脑想

人之所以为人，就是因为人类会思考。如果没有经过思考，那么一切记忆只不过是鹦鹉学舌式的死记硬背。要知道，所有知识能够进入大脑，最终靠的还是思考。

（四）其他的感官：其他感受

除了上述3种途径，人们还可以运用其他感官，如鼻子、嘴巴和皮肤等，来获取信息。比如，嘴巴可以品出不同品牌不同年份的酒，皮肤可以感受轻柔的微风。所以其他感官也可以捕捉信息，只要能捕捉信息，那么记忆就有了前提保障。记忆时如果能够用上这些感官，无疑可以记得更加牢固。在其他感官记忆的效果方面，动物界给我们给出了答案：狗可以凭着鼻子嗅觉记住一个人的味道长达两年；鲨鱼可以闻到100公里之外的一点血的腥味。

信息加工——记忆技术

（一）根据材料类型选择记忆加工的方法

1. 根据材料的意义来划分

（1）有逻辑的：一般选择逻辑推理来记忆。比如对于数字135791113，我们只需要**理解**它们是奇数的排列，那么就很容易记住了。

（2）非逻辑的：有两种方法，一种是把没有逻辑的内容转化成有逻辑的内容来记忆，另一种是通过**想象**来记忆。

2. 根据材料的数量来划分

（1）零散的：不要求按顺序记忆的内容可以采取**一对一连接技术**。这类技术在考试上多用于单选题和填空题。

（2）完整的：要求按顺序来记忆的，一般可以采取**一对多的连接技术**。这类技术在考试上多用于多选题、简单题和论述题等。

（二）根据材料需要记忆储存时间的长短选择加工方法

按记忆信息保持时间的长短，把记忆分为三类：瞬时记忆、短时记忆、长时记忆。

1. 瞬时记忆

一种识记过程，非常短暂的记忆，它对信息储存的时间在1秒钟以下，而且是记忆本身意识不到的。例如放电影胶片，一秒钟其实是24格，而我们看到的却是连续运动的画面。这种记忆一般不用人工来控制，只要保持良好的注意力即可。比如我们在看小说或者杂志的时候，只要保持一定的注意力而无须特别的记忆法就可以理解记住其中的大概内容。

2. 短时记忆

短时记忆中，信息的识记储存比瞬时记忆要长，大约1分钟，但识记的信息如果不及时处理而进入长期记忆，就会快速消失，如不常用的电话号码。这种记忆一般就是要采取小小的记忆法和重复一下。

3. 长时记忆

一种长期保持信息的记忆，记忆时间在1分钟以上，它不存在广度问题，只要有足够的复习，它的容量可以说是无限的。这种记忆一般需要经过短时记忆的方法，再加上黄金记忆的复习规律来巩固。比如英语单词的记忆就最好采用长时记忆。

第二节　记忆的本质

记忆的本质是一种生成的物质或形成的结构

（一）什么是记忆

（1）左脑抽象定义：把经验过的事物记住，然后回忆起来。

（2）右脑形象定义：记忆就是一种物质或结构。

（二）人为什么会有遗忘

从记忆的本质来讲就是以下三方面的原因：

（1）记忆物质被破坏。

（2）记忆结构被破坏。

（3）记忆物质或结构受到干扰。

（三）关于证实记忆是一种物质的观点和实验

（1）记忆移植实验。

A.**“白痴”与“天才”换位**。

最直接的记忆移植——切割移植。

1997年4月，人类历史上第一次切割移植，在美国加利福尼亚大学的动物神经研究所进行。

一条训练有素的德国纯种牧羊犬，绰号“天才”，颇通人性，具有丰富的情绪记忆。这次移植的是综合记忆——运动、情绪、形象、语词、逻辑等，视为记忆区域的整体移植，也是大脑部位切换最大的一次移植。

为了最大限度减少排异性，被移植对象选择了“天才”的亲弟弟——“白痴”。它一生下来就被关在笼子里，没有任何外界接触，不进行任何训练，可谓“记忆空白”的动物。

手术后出现奇迹：“白痴”醒来后第一眼就在人群中找到了主人，并对主人的指令一一照办，而被更换后的“天才”则对主人视而不见，毫无反应。

B.**人脑的芯片记忆移植尝试**。

1999年2月，美国亚拉巴马大学心理科技研究中心，输入记忆的是因车祸损害大脑平衡的中学生凯利，输出记忆的是业余体操冠军西尼尔。

成功植入芯片后的凯利，能做出优美的体操动作——伸腰、踢腿、跑跳、空翻，几天后记忆衰减，一星期后，他觉得自己已经不会任何体操动作了，但动作的协调性仍然比以前好，而最终取出芯片后，凯利又同以前一模一样了。

（2）据美国著名神经化学家乔治·昂加尔的论点：“记忆和智力都是由多肽物质组成。人类离打开记忆和智力的密码锁为期不远了。”

（3）在“精神病学研究”期刊披露的最新研究报告中，麦吉尔大学以及哈佛大学的精神病学家说，可以利用药物“抑制”创伤受害人的记忆，也就是可以去掉一段思维过程。

研究证明，过去人们认为的思维不是虚无缥缈的东西，而是固体物质。

这项研究显示，记忆的形成宛如制作玻璃，在创造记忆的过程中，也就是在“想”的过程中，呈熔化状态，想出之后“记忆”就变成了固态，再想时就再一次呈熔化状态，之后又变成固体物质。这些固体物质不会自动消失，会一次次堆积，一件事情想的次数越多，形成的固体物质越多。

研究报告显示，科学家使用的药物，被认为会在人的思维过程之后，扰乱“固化”形成的思维物质。

研究人员使用的药物是普萘洛尔（也叫心得安，是一种β－受体阻滞剂），他们利用此药物治疗19名曾遭遇意外的受害人长达10天。治疗期间，研究人员要求他们描述10年前发生创痛事故的记忆。回忆结束时，这个思维过程就“固化”了，研究人员就使用该药物“对付”这个“固化”了的思维。一周后，研究人员发现使用该药物的病患在回忆过去创痛时出现较少的压力征兆，如心跳加速等。

信息经过大脑的处理后，它们就生成一种物质储存在大脑和形成一种结构储存在相应的身体部位上

小知识：全脑口诀的来由

故事还得从2000年开始，2000年我拿到两本记忆法的书开始，我就一直不断地了解和学习记忆法，在学习上也受益于记忆法，所以在大一下学期就决定以后要从事记忆法的研究和推广，让更多的人都能从记忆法中受益。但是，在2009年接触专业记忆方法之后，我对于记忆训练方法一度不得要领，训练时间长、实际应用弱，都是摆在我面前的重大问题。而在一些记忆比赛中运用到的方法需要一定的年龄才能接受，根本实现不了我让人人都受益记忆法的梦想。

因为不得要领，我几度想放弃记忆法的研究，直到有一天，有个一年级小学员的家长问我：九九乘法口诀表怎么记忆？我一下愣住了，乘法口诀表除了理解之后多读多背还有其他办法吗？虽然心里这样想，但我一直坚信记忆法可

以攻克任何记忆问题，也由此觉得非常有必要研究一下乘法口诀表的记忆。令人惊喜的是，研究结果应用实验的效果非常好，参加实验的小学生们竟然能够在短短的十几二十分钟内把乘法口诀表记住，而且背得非常顺畅。后来过了一周，使用我教的方法的同学背的速度更快了，远远超过传统方法背一个学期的效果。九九乘法口诀教学的成功让我再一次被记忆法震撼了。当然，我的梦想不单纯是教九九乘法口诀表，毕竟这只是一、二年级小朋友的需要。我一直坚持的，是更加通用的记忆法。

终于在2015年年初，我重新翻开了以前看到的一本关于潜能开发的书籍，再次想起了潜意识的使用。那段时间每天晚上睡觉前我都会暗示自己能够发现更好的记忆方法。果然在某天晚上我做了一个梦，我梦到在演讲中，观众问我求学生涯记得最牢的内容是什么。问到语文方面，我说是金木水火土，还有《静夜思》。问到数学，我几乎脱口而出乘法口诀表！观众兴奋地说我也是记得这个最熟。我于是想到，难道口诀记忆记东西最牢固吗？能让所有的人都适用的记忆法难道就是口诀记忆吗？想着想着我就醒了，立即抓住这一灵感进行了更深入的思考。结合乘法口决在数理化学科学习乃至日常生活中的应用，以及这一口决本身的简单易学，我坚定了这个想法：口诀就是能让人人受益的记忆法！那么，剩下要解决的就是如何开发和记住口诀的问题了。

后来随着研究的深入，我的想法更加坚定，真正决心做口诀研究，而且要结合自己掌握的世界高手都在用的记忆方法去进行口决研究。

之后我一直以口诀为中心，结合全脑开发的方法来研究口诀记忆技术，不断地改进，同时以这一方法的两大核心理论根基将其命名为全脑口诀。

这就是全脑口诀的来源。或许它还不够完善，但是我们会一直进步，我们的工作简单来说就是研究记忆现有口诀的记忆方法，也创造记忆的口诀，让我们记忆得轻松一些也牢固长久一些。

第三节　全脑口诀的帮助

全脑口诀背后的长久记忆体系可以说非常庞大，怎么都学不完，怎么都研究不完，作用也非常多，但我们不能一一地呈现出来，不过我们学习它的目的不是要全部研究完，而只需要掌握对我们当前最有用的部分，所以我们在本书中也做了最大的选择，选择最适用的部分。下面我们来简单介绍一下这些帮助吧。

第一帮助　提升记忆力

全脑口诀对于记忆力的提升是简单而快速的，学会这门技术后一般都可以10倍8倍地提高记忆力，甚至100倍地提高记忆力。过去认为要一字不漏地背下一本书是千难万难的事情，学完全脑口诀后就会觉得背一本书只是时间问题而已。

第二帮助　升级大脑

每个人都想拥有一个超级大脑，但也都有过这样的感受——脑袋装的东西太多，怎么都塞不进去其他内容了。这其实不是因为我们的脑容量不够，而是存储方法本身出了问题。一个人的脑记忆容量如果能开发一半就可以轻松记住5亿册书，可见我们的脑记忆容量足够我们一辈子的需求。全脑口诀升级你的大脑，其实就是升级你的记忆方式和思维模式本身，只要方法对了，就可以激发大脑潜能。

第三帮助　挑战最强大脑

水往低处流，人往高处爬，虽然高处不胜寒，但是成功者的伟大之处就在于不断追求进取，而不是满足于当前的状态。《最强大脑》节目中的选手事实上很多都是记忆选手。

第四帮助　走上大师之路

我之所以能成为“世界记忆大师”，很大程度得益于本书的记忆法。本书的记忆法可以有效地提升记忆力已经不是什么稀奇的事情，但用这套记忆方法能提升到什么程度呢？本书可以让学会全脑口诀的读者通过努力训练至少达到“世界记忆大师”的水平，甚至更高。

第五帮助　进入无我境界

人类的大脑潜能就是那么不可思议，多年以前很多权威的大脑和记忆专家认为人类大脑一小时的记忆极限就是记忆6副打乱顺序的扑克牌，可是后来随着记忆法的普及，记忆力大赛已经出现了一小时记忆31副扑克的成绩。以前记忆一副扑克牌的世界纪录是3分多钟，后来则达到20秒左右，我在训练中就多次在20秒内记忆一副扑克，而且我们相信人类的记忆速度还可以继续提高，人类的记忆潜能远不止现在的程度。

第六帮助　打造超素质学霸

学了记忆术这一技能后，我们需要转化为学校或者考试本身内容的应用。因此，我们开发了打造超素质学霸这一环节的技术，以供大家学习和使用，这不仅增加了我们的知识，更能增加我们的信心，提升综合素质。

第二章

提升记忆力

提升记忆力的方法非常多，但是其本质都离不开接下来要介绍三种的方法。这三种基本的记忆口诀已经在记忆界创造了很多神话，几乎所有的记忆高手都运用它们来辅助记忆。虽然这3种口诀很厉害，但它们又是那么的简单，那么的容易理解，学习起来也倍感轻松，在不知不觉中就完成了伟大的学习，让你成为那个与众不同的人，一个拥有非凡记忆力的高手。不过，我还是要提醒读者，简单不代表我们就可以掉以轻心而不加特别的重视，相反，越是简单的内容有时候越是深刻，越是需要我们去进行深度思考。成功就是把复杂的事情简单地做，简单的事情重复地做，一直重复到对手放弃，你就是赢家。

本书的最大目的不是要读者简单地理解方法，而是启发大家转变思维，开发左右脑，挖掘我们大脑的宝藏。与此同时，我们也鼓励大家自己去挖掘，开发出更适合个人的方法，形成有自己特色的记忆模式。那么接下来我们会把经过这么多年考验，已经证明非常有效的记忆方法和盘托出奉献给大家，大家就尽情地去挖掘其中的宝藏吧。

第一节　故事画面

在讲解方法之前，我们不妨来个挑战，这样我们就能更加直观地看到学习前和学习后的效果，也能更加快速地培养我们的信心，以后我们每学一个方法之前都给大家来个测试或者说是挑战。我们首先挑战的是无规律词语的记忆，为什么挑战的是无规律词语，因为词语是我们学习当中最基本的内容之一，只要把词语记忆好了，那么句子就能比较容易地理解和记忆；句子容易理解记忆就意味着一篇文章也容易理解记忆；如果一篇文章都容易理解和记忆，那么一本书的理解和记忆也就变得简单了，如果能把一本书记忆下来，那么更多的好事都在等着你。

好了，说再多的好话也要我们去行动，去学习和训练。那么，做好准备了吗？请看题目吧。

挑战：在一分钟内按顺序把以下15个无规律的词语快速记忆下来。

钥匙	鹦鹉	球儿	绿屋	山虎
芭蕉	气球	扇儿	妇女	饲料
河流	石山	妇女	扇儿	气球

经过测试，有人说60秒钟最多记一行，厉害点的两行，200个人里面大概只有一两个人能全部记忆下来的。现在告诉各位，其实在一分钟内记住了0到5个都属于正常情况，6个以上基本是属于记忆力很好的。能全部记住的不用说，基本都是有意或者无意地用了记忆法的。那么如何在短时间内快速记住那么多个无规律的词语呢？这就是我们要介绍的第一个方法——故事画面法。

故事画面法可以说是所有记忆法的基础，如果能够精通故事画面法的话，那么就相当于掌握了大半的记忆法了。国内已经有一部分学员通过故事画面法的学习和训练而几乎可以做到过目不忘，30个英语单词可以在2分钟完成记忆，所以我们必须非常重视故事画面法的学习和训练。

概念

全脑定义：故事画面法是把我们要记忆的对象编成一个故事来记忆。

第一招：故事画面=故事+画面。

故事：把所记内容编成故事。

画面：画面的呈现更容易和大脑产生共鸣，才能更好地记忆。

规则

（1）简洁：故事尽可能简单。

（2）有趣：故事有趣会增加记忆的乐趣，在一定程度上避免疲劳和走神。

（3）生动：记忆的故事尽可能是动态的，那样更加有感觉。

（4）形象：形成影像才能方便记忆，故事有形象的话更容易为右脑所接收，更容易记忆。

实例

钥匙	鹦鹉	球儿	绿屋	山虎
芭蕉	气球	扇儿	妇女	饲料
河流	石山	妇女	扇儿	气球

记忆方法：

钥匙打开鹦鹉的翅膀，鹦鹉玩球儿，球儿砸到了绿屋，绿屋里跑出一头山虎，山虎吃芭蕉，芭蕉砸破气球，气球绑在扇儿上，扇儿扇妇女，妇女吃饲料，饲料撒到河流里，河流冲倒石山，石山压到妇女，妇女这次拿扇儿扇飞气球。

想象出具体或者大概的画面，如果画面感很好的话，看一遍就可以背下来了。如果画面感不是很强的话，只要看多一两遍就可以记忆下来了。好了，现在大家可以复习一下刚才的故事，然后在心里默背一下，我相信一定比之前死记硬背的好多了。

练习

（1）面包 铅笔 裙子 松鼠 妈妈 足球
猴子 拐棍 乌云 闪电 小男孩 电视

（2）记忆鲁迅的作品

《呐喊》 《孔乙己》 《阿Q正传》 《故乡》
《药》 《狂人日记》 《社戏》 《祝福》

记忆方法：鲁迅**《呐喊》《孔乙己》**和**阿Q（《阿Q正传》）**回**《故乡》**吃**《药》**，吃完药就写**《狂人日记》**，写完就去看**《社戏》**，唱戏的人**《祝福》**孔乙已身体健康，长命百岁。

说明

故事画面法的“威力”不仅限于无规律词语的记忆。由于所有内容的记忆都会用到“编故事”这一技巧，所以需要熟悉掌握故事法，建议中小学生从练习记忆古诗开始训练故事法，一来可以熟悉掌握故事画面法，二来可以提前把中小学所有古诗词背完。

第二节 连锁影像

挑战：用最短时间按顺序把以下15个无规律的词语快速记忆下来。

武林 恶霸 巴士 衣钩 鸡翼
绿舟 山丘 旧伞 西服 棒球
尾巴 香烟 旧旗 湿狗 蛇

我相信大家的成绩会比第一次测试15个无规律词语时好，都是用了第一招

“故事画面法”。如果故事画面法你用得非常熟练了，那很好，不过，有没有其他的记忆方法能在短时间内快速记住那么多个无规律的词语呢？当然有，这就是我们要介绍的第二个方法，那就是连锁影像法。

连锁影像法是辅助故事画面法发挥巨大作用的最好帮手，可以说是故事画面法的另一种表现形式。众所周知，故事可以分为有逻辑的故事和无逻辑的故事，故事画面法给大家的印象就是想象有逻辑的故事，重在左脑的使用，而连锁影像法则是不用讲究逻辑地想象故事，重在右脑的使用。故事画面法和连锁影像法一左一右的相互作用，使记忆更牢固。如果能把连锁影像法练好的话，可以快速开发我们的右脑，开发我们的影像能力。

概念

全脑定义：连锁影像法就是将资料转化成影像，像锁链一样，一个接一个地连接起来，所有的资料都用这种两两相连的方法，可以按顺序准确地记录下来。

第二招：连锁影像=连锁+影像。

连锁：把所记内容串起来。

影像：出现影像更容易和大脑产生共鸣，才能更好地记忆。

规则

（1）具体影像。

（2）影像两两相连并接触。

（3）一般使用动词联结。

（4）用同一个影像。

实例

武林	恶霸	巴士	衣钩	鸡翼
绿舟	山丘	旧伞	西服	棒球
尾巴	香烟	旧旗	湿狗	蛇

记忆方法：

武林恶霸上巴士拿衣钩勾鸡翼到绿舟上面，然后划着绿舟上山丘，到了山丘就撑起一把旧伞卖西服，突然发现西服里面有棒球，于是就拿起棒球打松鼠的<u>尾巴</u>，打到冒烟，然后就拿<u>香烟</u>点着来点着<u>旧旗</u>，再用点着的旧旗打<u>湿狗</u>，湿狗就跑去咬<u>蛇</u>（自尽）。

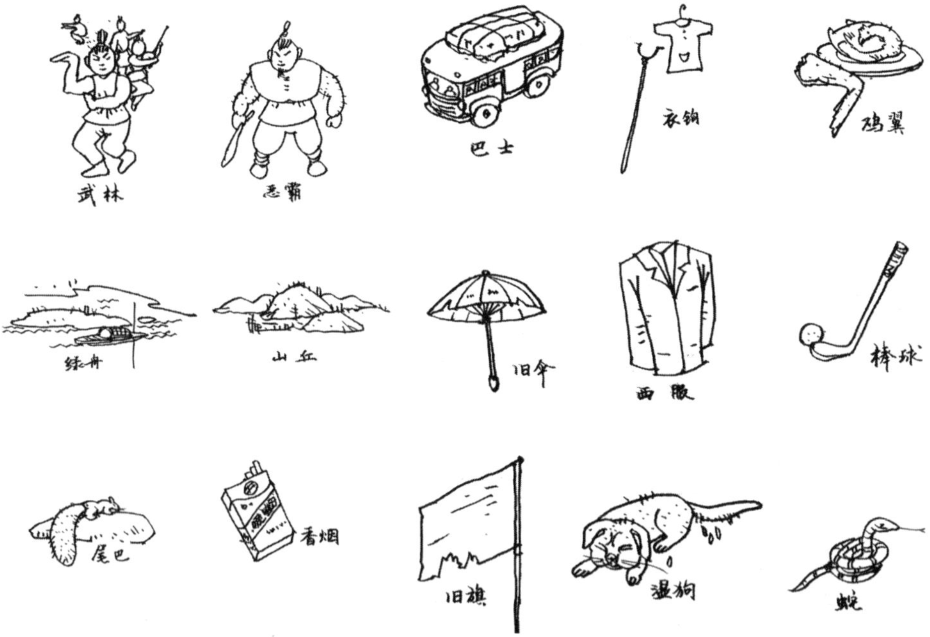

练习：成语接龙

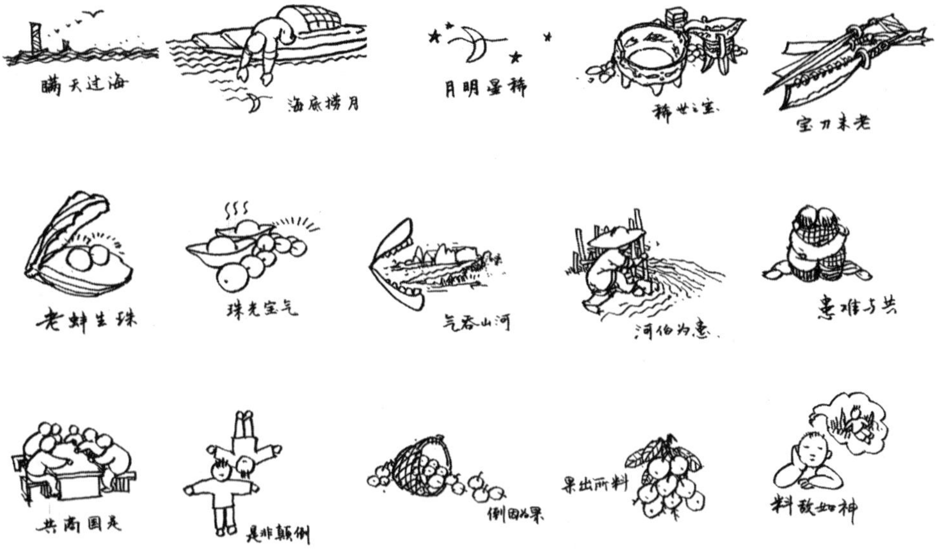

记忆方法：

1.理解每个成语的意思，并浮现成语的主要影像。

2.按照影像的浮现，再加上多读几遍就基本能接起来了。

成语接龙升级挑战：

瞒天过海	海底捞月	月明星稀	稀世之宝	宝刀未老
老蚌生珠	珠光宝气	气吞山河	河伯为患	患难与共
共商国是	是非颠倒	倒因为果	果出所料	料敌如神
神兵天将	将遇良才	才德兼备	备尝艰苦	苦不堪言
言中无物	物至则反	反败为胜	胜券在握	握蛇骑虎
虎子狼孙	孙庞斗智	智穷才尽	尽力而为	为民除害
害群之马	马首是瞻	瞻前顾后	后悔莫及	及门之士
士穷见节	节俭躬行	行之有效	效颦学步	步步紧逼
逼上梁山	山高水远	远涉重洋	洋为中用	用心竭力
力挽狂澜	澜倒波随	随遇而安	安之若命	命若悬丝
丝丝入扣	扣壶长吟	吟风弄月	月落星沉	沉鱼落雁
雁南燕北	北窗高卧	卧薪尝胆	胆战心惊	惊心裂胆

说明

连锁影像法可以和故事画面法结合起来运用，不必太过于计较两者的区别，只要去慢慢习惯就好。练习连锁法的基础训练就是进行成语接龙训练。这是一举两得的事情，一是熟悉方法，二是积累大量成语，培养语感和文学修养。

第三节　定位场景

定位场景是最基础的三大记忆招数中最王牌的一招，用得好而且精通的话将有可能把你的记忆潜能开发到最高境界。聪明的你绝不会错过这一个这么美妙的记忆招术和记忆绝技的，不是吗？

当然，掌握这一招术虽然简单，但精通它却不是一件简单的事情，需要我们不断地去挑战，去超越，去克服一切可能存在的困难。要记住，下定决心成为高手的你是不会被眼前的困难所吓倒的，坚持练习，你就会越来越熟练，越发爱上它。

定位场景的系统是非常庞大的，一时半会儿很难精通，以下是一些基本的内容，我们不妨先学习一下这些简单的内容，来体验一下定位场景法的威力和魅力。

概念

全脑定义：定位场景就是在大脑中建立一套固定的有序的定位系统，在记忆新知识的时候，通过想象，把知识按顺序储存在与其相对应的定位点上，从而实现快速识记、快速保存和快速提取的方法。

第三招：定位场景=小场景+小场景+小场景……

规则

（1）熟悉：定位点尽可能熟悉，那样记忆新内容就会更加轻松。

如果定位点不熟悉，就很容易出现问题，因为需要分散注意力去回忆定位点及其对应知识和内容，而（新的）记忆过程中最忌讳的就是注意力的分散。《孙子兵法》说“无所不备，则无所不寡”，意思是需要分散的兵力多了，就没法防备敌军，注意力也是一样，分散了就无法发挥威力。

（2）有序：所有的定位点都要有顺序，那样记忆的内容才不会错乱。

如果定位点没有顺序的话，那么你可能记住了内容，却不知道内容的前后顺序，有些内容的先后顺序对整体影响非常大，所以为了更高的准确度，定位点必须是有序的。

（3）有特征：每个定位点都要有自己的特征，不然容易造成相互间的混乱。

如果定位点没有特征，那么所用的定位点就是无效的。因为这种情况下内容相互之间很难区别，这样的定位点只会增加记忆负担，所以要求定位点有特征。

地点定位系统

（一）超级版——室外、室内

（1）杂物柜　（2）床单　（3）枕头　（4）靠背　（5）墙壁　（6）台灯　（7）衣柜　（8）桌子　（9）电视机　（10）地毯

练习：记忆世界十大文豪

（1）荷马　（2）但丁　（3）歌德　（4）拜伦　（5）莎士比亚　（6）雨果　（7）泰戈尔　（8）列夫·托尔斯泰　（9）高尔基　（10）鲁迅

记忆方法：

（1）杂物柜（**荷马**）：河马藏在床头柜。

（2）床单（**但丁**）：把蛋钉在床单上。

（3）枕头（**歌德**）：歌德靠着床头。

（4）靠背（**拜伦**）：我在靠背上跪拜轮子。

（5）墙壁（**莎士比亚**）：我在墙壁上杀死比亚。

（6）台灯（**雨果**）：台灯里有很多雨果。

（7）衣柜（**泰戈尔**）：老虎（泰戈尔）藏在衣柜。

（8）桌子（**列夫·托尔斯泰**）：列宁的夫人在桌子上拖自己的耳朵撕开。

（9）电视机（**高尔基**）：电视机上面有个大的高尔基。

（10）地毯（**鲁迅**）：鲁迅在打扫地毯。

小结：地点的神奇之处在于，只要把内容想成小场景安放在地点里面就好了，之后只需要心平气和地回忆即可。地点定位开始可能有点不适应，特别是自己应用的时候，一定要相信自己能够掌握并精通这绝对重要而高效的记忆方法。有了信心再加以练习，慢慢就会爱上地点定位法。

（二）分身术版——人和动植物

1. 人物定位系统

A.家庭成员

（1）爷爷　（2）奶奶　（3）爸爸　（4）妈妈　（5）哥哥　（6）姐姐　（7）弟弟　（8）妹妹　（9）自己　（10）叔叔

练习：记忆中国十大古典名著

（1）《水浒传》　（2）《三国演义》　（3）《西游记》　（4）《封神演义》

（5）《儒林外史》　（6）《红楼梦》　（7）《镜花缘》　（8）《儿女英雄传》　（9）《老残游记》　（10）《孽海花》

记忆方法：

（1）爷爷《水浒传》：爷爷在水里看水浒传。

（2）奶奶《三国演义》：奶奶到三个国家去演义。

（3）爸爸《西游记》：爸爸跟西游记的猪八戒打架。

（4）妈妈《封神演义》：妈妈被封为女神，可以去演义了。

（5）哥哥《儒林外史》：哥哥如果到树林外就想拉屎。

（6）姐姐《红楼梦》：姐姐在红楼楼顶做梦。

（7）弟弟《镜花缘》：弟弟走进花园。

（8）妹妹《儿女英雄传》：妹妹的儿女当英雄，真传奇。

（9）自己《老残游记》：自己老了就脑残地去游记了。

（10）叔叔《孽海花》：叔叔在海上孽海花。

B.作品人物

（1）唐僧　（2）孙悟空　（3）猪八戒　（4）沙和尚　（5）观音菩萨　（6）如来佛祖

练习：记住以下6句话

（1）悠悠天宇旷，切切故乡情。（张九龄）

（2）浮云终日行，游子久不至。（杜甫）

（3）落叶他乡树，寒灯独夜人。（马戴）

（4）明月有情应识我，年年相见在他乡。（袁枚）

（5）家在梦中何日到，春生江上几人还。（卢纶）

（6）江南几度梅花发，人在天涯鬓已斑。（刘著）

记忆方法：

（1）唐僧：悠悠天宇旷，切切故乡情。

（2）孙悟空：浮云终日行，游子久不至。

（3）猪八戒：落叶他乡树，寒灯独夜人。

（4）沙和尚：明月有情应识我，年年相见在他乡。

（5）观音菩萨：家在梦中何日到，春生江上几人还。

（6）如来佛祖：江南几度梅花发，人在天涯鬓已斑。

小结：如果我们对人很敏感的话，这16个人物系统很好用。

2. 人身定位系统

（1）头发　（2）眼睛　（3）鼻子　（4）嘴巴　（5）脖子　（6）前胸　（7）后背　（8）手　（9）腿　（10）脚

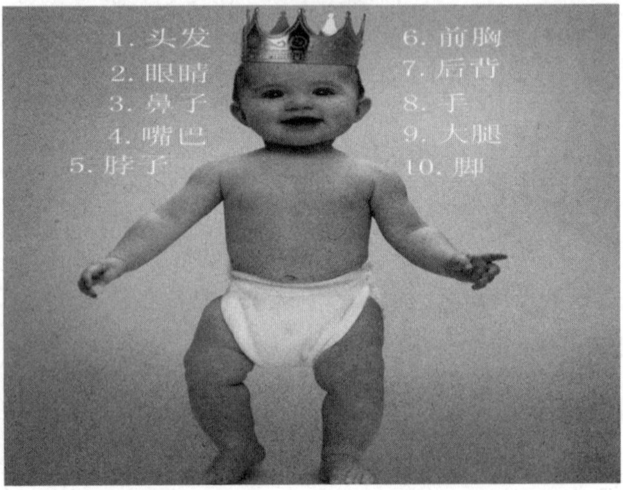

练习：记住以下10个随机词

（1）八路　（2）恶霸　（3）耳朵　（4）石板　（5）二胡　（6）三丝　（7）鳄鱼　（8）仪器　（9）手枪　（10）气球

记忆方法：

（1）头发——八路：八路扯你的头发。

（2）眼睛——恶霸：恶霸打你眼睛。

（3）鼻子——耳朵：耳朵靠近鼻子。

（4）嘴巴——石板：石板放进嘴巴里面咬一下。

（5）脖子——二胡：二胡拉脖子。

（6）前胸——三丝：三丝挂在前胸。

（7）后背——鳄鱼：鳄鱼咬你后背。

（8）手——仪器：仪器放在手上。

（9）腿——手枪：手枪打中了腿。

（10）脚——气球：脚踩爆了气球。

小结：人身定位的这个小系统主要应用于少量内容的定位记忆，记忆力不是很好的人也可以使用，记忆力好点的跟其他定位系统一起用会更好。人身定位可以应用于日常事件的记忆或者购物单的记忆等。

3. 汽车定位

（1）车前灯　（2）车盖　（3）挡风玻璃　（4）车顶　（5）后备箱

（6）后灯　（7）车门　（8）座位　（9）方向盘　（10）车轮

练习：记忆全脑口诀的10句名言

（1）我是勇敢的挑战者！立刻挑战！立刻挑战！立刻挑战！

（2）越挑战越精彩。

（3）勇于挑战的人永远有机会。

（4）精彩的人生从来都不是因为逃避，而是挑战。

（5）最令对手害怕的就是挑战精神。

（6）刻苦努力都是因为爱。

（7）爱让世界变得更美好。

（8）我们是我们所思所想的结果。

（9）一切的一切都是自信心的较量。

（10）信念有多强烈，人就有多大的改变。

记忆方法：

（1）车前灯——我是勇敢的挑战者！立刻挑战！立刻挑战！立刻挑战！

（2）车盖——越挑战越精彩。

（3）挡风玻璃——勇于挑战的人永远有机会。

（4）车顶——精彩的人生从来都不是因为逃避，而是挑战。

（5）后备箱——最令对手害怕的就是挑战精神。

（6）后灯——刻苦努力都是因为爱。

（7）车门——爱让世界变得更美好。

（8）座位——我们是我们所思所想的结果。

（9）方向盘——一切的一切都是自信心的较量。

（10）车轮——信念有多强烈，人就有多大的改变。

小结：通过这样的定位连接，我们就可以把要记的内容记住了，慢慢回想就能回想起来；如果有个别回想不起来可以先跳过，回忆完后面的再返回来回忆；如果实在回忆不起来就看一下答案，通过不断完善就能把要记的内容记住了。

4. 动物定位

（1）猪嘴　（2）猪头　（3）猪耳　（4）猪脖子　（5）猪背　（6）尾巴　（7）屁股　（8）猪肚　（9）猪腿　（10）猪脚

练习：记忆以下10个随机词汇

（1）俺必胜　（2）俺不能死　（3）哥搂抱　（4）安慰老婆　（5）爱喂牛　（6）额的妈呀　（7）胖得要死　（8）拍死它　（9）爱过你　（10）背噢

记忆方法：

（1）猪嘴——俺必胜：猪的嘴巴在喊俺必胜。

（2）猪头——俺不能死：猪头晕了还知道俺不能死。

（3）猪耳——哥搂抱：哥搂抱猪耳朵。

（4）猪脖子——安慰老婆：你抱着猪的脖子安慰老婆。

（5）猪背——爱喂牛：有人骑在猪背上爱喂牛。

（6）尾巴——额的妈呀：额的妈呀你居然长着猪尾巴。

（7）屁股——胖的要死：屁股好大人看起来胖得要死。

（8）猪肚——拍死它：猪肚要拍拍，但不能拍死它。

（9）猪腿——爱过你：请你吃猪腿证明我爱过你。

（10）猪脚——背噢：猪脚踢你一脚，好背噢。

小结：连猪都可以拿来帮助我们记忆，更何况其他动物呢？用好动物定位是非常有趣的。

5. 物品定位

A.小物品定位

（1）壶底　（2）壶身　（3）壶嘴　（4）壶盖　（5）壶把手

练习： 记忆全脑口诀的七大帮助

（1）提高记忆力。

（2）升级大脑。

（3）挑战最强大脑。

（4）走上大师之路。

（5）进入无我境界。

（6）打造超素质学霸。

（7）成就梦想。

记忆方法：

（1）壶底——提高记忆力：壶身的内容经常观察可以提高记忆力喔。

（2）壶身——升级大脑：大脑像壶身。

（3）壶嘴——挑战最强大脑：最强大脑的人在玩壶嘴。

（4）壶盖——走上大师之路：大师拿着壶盖就喝茶。

（5）壶把手——进入无我境界、打造成超素质学霸、成就梦想：壶把手和学霸都进入了无我境界并成就了梦想。

小结： 小物品定位往往应用在少量内容的记忆上，它的威力尤其体现在对一系列的地点进行“分身”，进而增加记忆容量。

（三）耍酷版——数字定位

数字定位系统：01、02、03……

有了以下这36个数字定位代码，你就能够随时把36个以内的内容记住，而且还记住了每一个内容的顺序，这看起来是不是很炫呢。

以下的代码都是经过特殊编码的，知道了秘密之后就能在几分钟内记住，非常简单实用。不过我建议大家先不急着学习数字定位法，等学习了第三章第三节的右脑想象后再来学习数字定位，那样会轻松一些。

01	02	03	04	05	06	07	08	09	10
铅笔	鸭子	耳朵	红旗	吊钩	手枪	拐杖	葫芦	猫	石头
11	12	13	14	15	16	17	18	19	20
筷子	婴儿	医生	钥匙	鹦鹉	石榴	仪器	腰包	药酒	香烟
21	22	23	24	25	26	27	28	29	30
鳄鱼	双胞胎	和尚	闹钟	二胡	河流	耳机	恶霸	恶囚	三轮车
31	32	33	34	35	36				
鲨鱼	扇儿	星星	三丝	山虎	山鹿				

练习：

01瞒天过海　02围魏救赵　03借刀杀人　04以逸待劳　05趁火打劫
06声东击西　07无中生有　08暗度陈仓　09隔岸观火　10笑里藏刀
11李代桃僵　12顺手牵羊　13打草惊蛇　14借尸还魂　15调虎离山
16欲擒故纵　17抛砖引玉　18擒贼擒王　19釜底抽薪　20浑水摸鱼
21金蝉脱壳　22关门捉贼　23远交近攻　24假道伐虢　25偷梁换柱
26指桑骂槐　27假痴不颠　28上屋抽梯　29虚张声势　30反客为主
31美人计　32空城计　33反间计　34苦肉计　35连环计　36走为上计

记忆方法：

01（铅笔）瞒天过海：铅笔（变很大）瞒着天，飞过了海。

02（鸭子）围魏救赵：鸭子围住魏国救了赵国。

03（耳朵）借刀杀人：借刀杀人的耳朵。

04（红旗）以逸待劳：姨姨（以逸）代劳我撑红旗。

05（吊钩）趁火打劫：用吊钩趁火打劫菜市场的猪肉。

06（手枪）声东击西：手枪在东边朝西边打当然会是声东击西了。

07（拐杖）无中生有：拐杖在我手上无中生有，我变老太太了。

08（葫芦）暗度陈仓：葫芦娃乘着葫芦暗度陈仓。
09（猫）隔岸观火：猫隔岸观火（很得意地跳来跳去）。
10（棒球）笑里藏刀：嘴巴笑里藏刀时被人用棒球打了一棒（满地找牙）。
11（筷子）李代桃僵：拿着筷子和李子袋（代）去偷（桃）僵尸。
12（椅儿）顺手牵羊：上完课顺手把椅子当羊牵走。
13（雨伞）打草惊蛇：用雨伞打草惊蛇。
14（钥匙）借尸还魂：用钥匙打开鬼门关借尸体还魂。
15（鹦鹉）调虎离山：鹦鹉（力气很大）可以调虎离山。
16（石榴）欲擒故纵：我对偷石榴的贼欲擒故纵。
17（仪器）抛砖引玉：把仪器做成砖头抛起来引玉。
18（腰包）擒贼擒王：抓偷腰包的贼，顺便把贼的大王也抓了。
19（衣钩）釜底抽薪：用衣钩把湖底抽筋（釜底抽薪）的人勾起来。
20（香烟）浑水摸鱼：喷一口香烟到水里就可以浑水摸鱼了。
21（鳄鱼）金蝉脱壳：鳄鱼咬住金蝉，金蝉就会脱壳了。
22（双胞胎）关门捉贼：双胞胎分别关了前后门来捉贼。
23（和尚）远交近攻：往和尚的眼角进攻（远交近攻）。
24（闹钟）假道伐虢：闹钟一响，就要去借道发锅（假道伐虢）。
25（二胡）偷梁换柱：把二胡的梁偷了换成柱子。
26（河流）指桑骂槐：我在河流里指桑骂槐。
27（耳机）假痴不颠：我戴着耳机（乱摇头）假痴不癫。
28（恶霸）上屋抽梯：恶霸上屋了，我就抽梯。
29（饿囚）虚张声势：饿囚喊再大声也是虚张声势。
30（三轮车）反客为主：我抢了三轮车当司机，成为车的主人。
31（鲨鱼）美人计：鲨鱼咬住美人。
32（扇儿）空城计：摆空城计的时候诸葛亮拿着扇儿扇风。
33（星星）反间计：星星在房间（反间）里闪闪的。
34（三丝）苦肉计：用三丝来绑苦瓜和猪肉。
35（山虎）连环计：用连环来抓山虎。
36（山鹿）走为上计：三十六计走为上计。

小结：记住三十六计不是目的，而是一个学习的过程，熟悉熟练方法的过程。并且，记住三十六计本身有很大的作用，比如可以应用于商业行为、企业管理中，是为个人或集体出谋划策的好工具。

（四）学霸版——主题定位

练习：记忆历史题中“商鞅变法”的主要内容。

（1）废井田，开阡陌。

（2）奖励军功。

（3）建立县制。

（4）奖励耕织。

我们选择“商鞅变法”4个字与4条答案要点分别进行联想，于是有：

（1）商——废井田，开阡陌。

（2）鞅——奖励军功。

（3）变——建立县制。

（4）法——奖励耕织。

记忆方法：

（1）商——废井田，开阡陌：“商”可想成“商量”，大家商量把井田给废了，然后开阡陌。

（2）鞅——奖励军功：“鞅”想成“羊”，羊可以用来奖励军功。

（3）变——建立县制：“变”想成“改变”，要想改变县里的制度，就要建立县制。

（4）法——奖励耕织：“法”想成“法官”，法官给想种田的人奖励耕织。

闭眼回忆一下，看是否记住了？通过“商鞅变法”4个字把这4点内容记住，这就是主题定位法。

小结：主题的内容有多少个要点就要有多少个主题字，比如这里有4个要点就要有4个字的主题来定位，如果是5个的话那么就要5个字的主题，比如“大商鞅变法”。

恭喜你！到此为止，你已经学完了全脑口诀最基础的三大招数，只要活学活用这三大招数，你就能够在记忆的王国里自由地驰骋，自由地进行记忆拼杀游戏。

记忆口诀的精髓在于理解和灵活运用，如果你可以理解和灵活运用记忆口诀，那么你已经成为朋友眼里的记忆王了。如果不能，那也不用着急，因为你所碰到的问题，我们都碰到过，这时你最需要的就是升级大脑。不过如果前面的方法没有学好的话，那么最好不要马上往下学习；等你对前面的方法都熟练了，再往下学习，会取得更好的效果。那么，深呼吸一口气，你准备好了吗？准备好了，就往下学习吧。

小知识：记忆力改善的三个关键因素

我们知道，可以通过练习来提高我们的记忆力。你也许会认为，即使你记忆力较差，你也没有什么好办法来改变这一事实。但实际上，**记忆是一种习得的技巧，就像其他技巧一样是可以不断进步和提高的。**

无论你对哪类事物的记忆有困难，下面有3个基本因素可以帮助你形成良好的记忆力。

1. 注意力

为了提高你的记忆力，你所能做的最重要的事情就是集中注意力。

当你把注意力放在一件事情上的时候，你也就决定了哪些因素值得记下，而哪些因素可以被遗忘甚至抛弃。

如果你想集中注意力，首先需要做的就是放松。如果你很紧张或者压力很大，你是不可能关注一件事物的，这时需要花一点时间来深呼吸。

注意力受许多因素的影响：

（1）受个人**兴趣**的影响。兴趣是引起和保持注意力的主要因素。对感兴趣的事物，人们总是愉快主动地去探究它，注意力就在兴趣的陪伴下自然而然地得到了增强。对于记忆法的学习很重要的一点就是让学生有学习的兴趣，否则就不能很自觉地去练习或达到老师设定的学习目标。家长在家可以多给学员一些鼓励，有时候就是多一分鼓励，多一分动力。

（2）受学习**目的**的影响。学习的内容越明确、越具体，注意力越容易保持。很多家长反映学生在家不主动复习和运用老师所教的记忆方法，这很大程度上是因为学员没有明确的目标。如果家长笼统地说复习而不是明确地指出要复习某一板块的内容，学员往往就会敷衍了事。所以家长一定要给出明确的任务（比如练习背诵10首古诗等）让孩子去完成，那样效果会加倍的。

（3）受过去**经验**的影响。最容易引起人们注意的是有点知道但同时不是很熟悉的东西。比如你看到一个人跟你的朋友或亲人很像，就会自然而然地去关注等。

记忆法学习也是一样的，记忆法学得特别好的同学往往接触过，并且比较认可记忆法，他们的注意力都放在听老师上课和自己练习上面，所以效率特别高，效果惊人。

相反，有些学员抱着怀疑的态度去学习，注意力往往放在怀疑上，自然学不好记忆法。

此外，记忆法学习中，之所以要求学员在记忆之前熟悉或熟读一下要背的内容，很大程度上就是要提高注意力。

（4）受意志**品质**的影响。意志坚强的人往往比意志薄弱的人更能抗拒诱惑、克服困难、保持注意。怎么才能培养强大的意志力呢？首先要明确一点，学好记忆法就会有强大的记忆力，所以遇到困难时要告诉自己，好东西都在后头呢。其次，意志力是一步步地慢慢建立起来的，不要要求自己一下子飞速进步，只要确实在不停地进步就可以。最后，一定要相信自己，相信自己一定能学好。

（5）受**自信心**的影响。注意力不集中还有一个原因——没有自信。这是一种低估自己能力的想法。其实很多记忆大赛的记忆高手也有这种情况，因为记忆法的威力随着练习的程度加深是越来越强大的，强大到记忆高手都有点不敢相信自己能记得那么快，记得那么多。但是一流的记忆高手，无论自己是否能记住，他们首先都是特别自信的。

小结：注意力特别重要，很多同学学习成绩不理想的主要原因就是没有集中注意力。注意力是高效学习的前提。该玩的时候就玩个痛快，该学习的时候就学个踏踏实实。<u>注意力所在的地方都会有倍增的效果</u>，请把这句话熟读背下来，你就会发现，原来一切都是因为注意力。

2. 影像思考记忆

观察一个物品，然后避开，在大脑中回想，图像越清晰越好——这就是形象化记忆法。在脑海中呈现出影像的能力被称为形象化的能力，你能够观看到的影像越清晰——包括它的形状、颜色和形态——你的形象化能力就越好。这种技能是用图像而不是文字来进行理解。

想象力能够扩展形象化的能力，这样我们就能把声音、触觉，以及物体的味道形象化。比如，海风的声音和气味，早晨煮咖啡的香气。形象化能够通过练习来提高，每天练习形象化技巧，不失为一种很好的提升记忆力的做法。

练习：

（1）准确描述一下你的手表，详细地从每个细节来描述它，最后画出手表准确的图形。

（2）准确描述一下你的书桌和桌子上的所有物体，描述每个物体，如订书机、钢笔、时钟、记事簿等。

3. 理解和想象

在记忆过程中有意识地想出一些场景和画面来加深记忆。

想象是对头脑中已有的表象进行加工改造，创造出新形象的过程，这是一种高级的复杂的认识活动。

爱因斯坦说："想象力比知识更重要，因为知识是有限的，而想象力概括着世界上的一切，推动着进步，并且是知识化的源泉，严格地说，想象力是科学研究中的实在因素。"我们要多练习想象来提高想象力。

第三章

升级大脑

全脑口诀升级大脑就是升级记忆方式和思维模式本身，激发大脑潜能。具体要怎么做呢？接下来介绍的3个口诀是经过多年验证过的，是证明已经有效的方法，如果你能照着方法练习，大脑的反应速度、记忆速度和容量将会大幅上升。

大脑为什么要快速运转呢

1.快才能产生质变

只要够快，即使你的对手知道你要做什么，那么对手也只是望尘莫及。就像周星驰导演的电影《功夫》里面说的天下武功无坚不摧，唯快不破。打篮球的男生都知道，如果对方突破速度太快，就算知道他要往哪边突破也无法防住。

2.慢出现了很多问题

太慢了容易被人打击，写作业慢了被家长骂，工作慢一点被老板骂，学习进步慢更会让自己没有耐心，怀疑自己而导致信心不足，而信心不足则几乎成不了事。

3.只有快才是赢家

奥运会从来没有过比谁更慢的比赛，奥运会没有，世锦赛也没有，聪明的你怎么会不想办法去加速呢？特别是我们的头脑！

应该怎样加速我们的大脑呢？这就是接下来要讲解的。

提升大脑反应速度的四大关键

（一）专注效应（注意力）

（1）凡是能让人集中注意力的事情，大脑处理起来就会事半功倍，这就是专注效应。就像你看故事书的速度比你看教科书快，其中一个原因是你比较喜欢故事书，故事书更能吸引你的注意力。

（2）注意力所在的地方都会有倍增的效果，经常关注的事情很容易被大脑吸收和处理。比如你经常玩魔方，那你对与魔方有关的事情就特别容易关注到；再比如你经常看电影，你就更容易了解有哪些新电影上映。

（3）任何人的时间和精力都是有限的，不可能什么都精通，也不可能统统花时间去练习，所以只有在一个方面不断投入精力，才能有所成就，而注意力在哪里，收获就在哪里。

（4）口诀的内容是高度浓缩的，如果没有口诀，世界记忆高手也无法快速记住某些内容，全脑口诀是世界记忆大师心血浓缩的精华。

（二）磨刀效应（练习）

磨刀效应原意是刀经过磨砺之后就会越来越锋利。这里的磨刀效应就是指练习的效应，练习多了就会熟能生巧，从而让大脑做出最快的反应。就像一个人如果天天练习背古诗，那么他就在背古诗方面有特别的背诵能力；如果天天练习记忆数字，那么他就在背数字方面有特别强的能力。只要方法正确，练习哪方面就会在哪方面有特别强的能力。我阅读了大量的记忆法书籍，所以看一本记忆法书籍基本上就是10分钟左右。英国传奇记忆大师大本先生非常擅长数字类的记忆项目，曾创下多项纪录，然而在人名头像的记忆方面却没有取得很好的成绩，这一方面源于他对数字项目的长时间训练，另一方面就是对于人名头像的记忆方法确实非常有限，练习时间也相对短很多。

（三）量化效应（挑战）

分秒清楚地记录训练用时，清晰明了地反映自己的水平，每天进步一点点，那么终究会登峰造极，这就是量化效应。我们所有的记忆选手，世界上所有比赛的选手都受益于量化效应。又如我们挑战25道计算题的计算极限，从5分钟不断训练到几十秒，这就是量化效应。

（四）使用影像思考（影像）

当我们使用影像思考的时候，大脑非常放松，基本感受不到疲劳，更不会觉得烦躁，所以使用影像来思考学习的话，长时间学习也可以保持大脑的灵活和良好的注意力。

是否使用影像思考是判断一个人是否学会综合使用左右脑的一个根据。快速记忆的核心技术在于影像思考，影像能力的强弱几乎决定了一个记忆高手是否能进一步提升，因此升级我们大脑的第一步是掌握影像思考技能更具体的内容，我们会在下一节中介绍。

第一节　影像思考

请问大家一个问题，如果有两种选择，一种是看电影，一种是看书，那么一般人是选择看书呢还是看电影？很多人的答案都会是看电影，因为看电影不只有影像，而且还有声音，更加能吸引人。影像思考就是由此研究发展出来的。**记住，影像是大脑的第一语言。**

事实上，纵观古今中外，很多杰出的人物都是影像思考的高手。音乐方面比如贝多芬，他的《月光曲》就给人非常好的画面体验，正是创造性地运用影像思考而得出；另一位音乐巨匠莫扎特也拥有一流的记忆力，看过的歌谱都能记忆下来，后来人们发现莫扎特拥有听到音乐就能浮现影像画面的能力，还能尝到音乐的味道。在绘画方面，比如西班牙画家毕加索，简直就是画画的天才，他小时候就已经显示出了很强的影像思考能力，他给人画画不要求被画的人摆什么姿势，他是凭记忆作画的。在理工科方面，“20世纪最聪明的人”爱因斯坦，他的大脑中里有一间虚拟实验室，很多的实验都是通过影像思考在虚拟实验室完成的。爱因斯坦的成就几乎等于10个卓越科学家加起来的成就，原子弹和氢弹等的发明都得益于他的研究；而“21世纪最聪明的科学家”霍金的实验也大多是在脑袋里完成的。这些天才都是影像思考的高手，并且他们就像天生拥有这种能力一样。当然我们普通人没有那般强大的影像思考能力，怎么办呢？答案就是靠后天的努力。后天努力寻找开发影像思考能力的方法，并把这种方法练到出神入化，那么我们也有机会变得卓越不凡。接下来我们就开始学习影像思考吧。

影像分为外视觉影像和内视觉影像，外视觉影像又可以细分，下面详细讲。

外视觉影像是指一个人直接看到的现实的影像，直接呈现在我们面前的，比如生活中所看到的一切，包括动物、植物和书本文字本身等。不同的影像有着不一样的记忆难度，按照记忆的难易程度我们把外视觉影像分为两种类型：一是易记影像，二是难记影像。

易记影像

大脑对于区分度高的信号是非常兴奋的，所以那些相互之间特征明显、比较容易区分的自然影像比较容易记忆，我们称之为易记影像。

（一）易记影像的掌握

练习：下面一共有10个词语，大家是否可以看一遍就记住呢？

（1）头发　（2）眼睛　（3）鼻子　（4）嘴巴　（5）脖子　（6）前胸　（7）后背　（8）手　（9）腿　（10）脚

我相信这10个词的记忆不会特别难，但一定有不少人看一遍是记不住的，为什么呢？简单来说，就是没有掌握好方法。那么，究竟应该用什么方法呢？答案就是影像思考口诀。

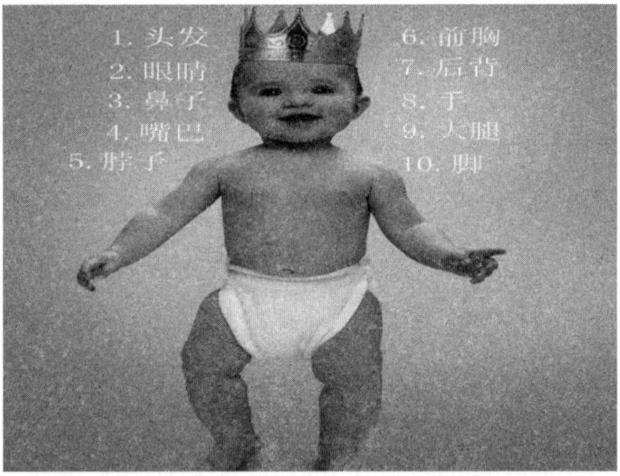

只要我们能理解，这些影像其实就是我们的身体部位，而且是从上往下排列的，再加上我们闭上眼睛就能在大脑中想象出这些影像，那么我们就可以轻松记住。现在我们不妨再回去看一下这10个影像，很轻松就能回忆起来。这就是易记影像，只要我们理解了，再想象一下影像就能轻松记忆。

练习：下面一共10个影像，大家按顺序记忆一下。

（1）车前灯　（2）车盖　（3）挡风玻璃　（4）车顶　（5）后备箱（6）后灯　（7）车门　（8）座位　（9）方向盘　（10）车轮

如果大家按照从前往后，再从后往前的常识来记忆，是不是很容易记住呢？

易记影像的记忆方法简单来说就是影像思考里提到的理解它们的逻辑关系并想象出影像。

练习：按顺序记住下面11个点。

各位，当你们能轻松地记住这些词语或影像的顺序后你们是否对这方法有相见恨晚的感觉呢？一切内容都可以通过类似的方法进行记忆，唯一需要的是我们继续学习全脑口诀。

（二）易记影像的应用

1. 记忆应用

（1）记忆小工具的掌握：身体定位小工具和汽车定位小工具等。

（2）地点系统的记忆和积累：大量记忆攻克地点。

2. 为梦想助力

如果我们能够给梦想加上影像思考，那么我们的梦想就会牢牢地扎根在脑海中。根据吸引力法则，我们就能够吸引相关的人和能量，我们的梦想就更加容易实现。下面这一篇文章非常值得大家一看，大家可以学习和参考一下。

别让别人偷走你的梦

蒙迪·罗伯特上高中时，老师出了一道作文题，让同学们谈谈自己的梦想，罗伯特兴奋无比地将自己心中蕴藏已久的梦想——拥有一个牧马场——详尽地写出来，足足有七八张纸，还配有一幅200英亩的牧马场示意图，有马厩、跑道、种植园、房屋建筑和场内平面设计图。

结果，老师却在罗伯特的作业上批了一个大大的“差”字，这犹如一盆冷水从天而降。下课后，他满怀迷惑地找到老师，不解地问：“我为什么得‘差’？”

老师是个有一点绅士派头的、相貌冷峻的中年男子。他平静地看着这个与他一般高的毛头小伙子，说：“我很欣赏你作文中表现出来的那份干劲。但是，对于一个像你这样的孩子来说，这个理想太不现实。你出身贫困家庭，要拥有一个牧马场，需要很多钱买种畜和其他许多东西，你根本无法实现这些！”老师停了一会儿，接着说：“如果你重做这份作业，确定一个现实些的目标，我可以考虑给你打分。这个分数对你来说是非常重要的，我并不是想为难你。”

这个分数，是罗伯特能否毕业的关键。回家后，他左思右想，不知如何是好，便问父亲怎么办。父亲说：“你已经不小了，要学会自己拿主意，这对你是一个重要的决定。”

一个星期以后，罗伯特把这份作业原封不动地上交给老师，十分坚定地说：“你可以不改动这个‘差’字，我也不想改变我的梦想。”

18年后，罗伯特经过不懈的努力拥有了一座面积200英亩的牧马场，实现了自己的梦想。

那个老师知道后，不无歉意地说：“蒙迪，现在我意识到，当我做老师的时候，我是个专门偷梦的贼。那些年我可能偷走了许多孩子的梦。幸运的是，你是那样矢志不移，那样的勇敢，从始至终都没有放弃你的梦。”

每个人在其成长的道路上，都会有许许多多瑰丽多彩的梦。它们极可能是我们明天成功事业的雏形。但是，由于立场的不坚定，生活的挫折，经济的拮据，往往容易因别人的“好言相劝”而夭折。

记住，别让别人偷走你的梦。

难记影像

难记影像主要指一些区分度不高的影像。对于区分度不高或者没有区分度的影像或者任何内容，大脑都是不怎么兴奋的，就像你每天都吃同一道菜（或者每天的菜区分度不高），哪怕这菜再好吃，你也会很快就腻了不想吃；就算一首歌很好听，如果连续不停地听，听多了也会有烦闷的一天。

大脑不喜欢区分度低的内容，如果不喜欢，那么大脑是懒得去处理的；类似的，有些学生对某个科目不喜欢，那么面对这个科目时就不太喜欢动脑，学习效果自然就不是那么好了。

学习或生活中有哪些难记影像或者说区分度不高的影像呢？比如一大堆无规律的数字926535897932384626433832795028、打乱顺序的扑克牌、数十个没有规律的字母hippopotomonstrosesquippedaliophobia和一大段文字等。**需要指出的是，区分度高不高是相对而言的，不是每个人都有同样的感受。**比如有些人有脸盲症，见了很多朋友都记不住他们的姓名，甚至见了面很快就忘记了，因为在他们的大脑中这些面孔都差不多的，没有多大的区分度；但是对有些人来说，面孔之间的差别很大，他们甚至对多年前只见过一面的朋友的脸都记得一清二楚。

虽然文字本身就有大小等形状构成的自然影像，但是我相信很多人一提到要背一大段文字，都会觉得很难记忆，甚至在看一大段文字的过程中就睡着啦。为什么呢？因为一段文字形成的影像相互之间区分度不高（对于一般人而言），大脑“不喜欢”。那么面对难记影像，我们应该怎么快速记忆呢？下面讲解的影像思考技术就是解决这个问题的。

内视觉影像

外视觉影像无须专门训练就能直接记忆，但是其适用的易记影像只是一小部分，且易记影像的数量在记忆中受到很大的限制，一次性很难进行大量记忆，而我们在学习工作中碰到的影像大部分是难记影像，这时的解决办法就是启动内视觉影像。

内视觉影像就是大脑内部处理产生的影像。内视觉影像技术可以采用一定的方法和技能来把难记影像转为易记影像，为速记任何影像、任何内容提供了最大的可能，让我们能够轻而易举地进行记忆。我们接下来讲的影像思考口诀，主要就是针对内视觉影像技术方面的。

影像思考的好处

1.简单记忆：记忆可以更轻松，记忆变得简单容易。

2.快速记忆：影像思考可以加速记忆，特别是没有多少逻辑的内容。

3.高效记忆：影像思考记忆的好处是轻松，而且不容易忘记。

4.抗干扰：影像思考记忆还可以抗干扰，就算是在非常吵杂的情况下依然可以不太受影响。

5.容量大：影像思考记忆跟传统的记忆最大的区别就是短时间内记忆容量可以扩增得很大。

6.超级记忆回路：影像记忆可以打开大脑超级记忆回路，打通之后就会潜能爆发，记忆力大幅增强。

影像思考口诀最大的好处就是可以轻松而又快速地进行记忆和思考，任何的学习和记忆，一旦引入影像之后就会让学习和记忆更加轻松。

如果要进行高水平的记忆训练，在影像思考这一技术上要花费90%的时间。你要成为记忆高手，影像思考技术就是你的首要练习技术。

小结：影像思考=左脑理解+右脑想象。

影像思考技术有两方面，一方面是左脑的理解，另一方面是右脑的想象。为了记忆的简化，如果用左脑理解就可以影像思考的则直接用左脑的理解来影像思考，如果不能的就用右脑的想象来影像思考。总之我们影像思考是综合左右脑去完成的，势必会提高我们的记忆和学习效率。

影像的加强按钮：色彩。色彩是通往超级大脑的最强信号，只要启动这个按钮，然后对大脑进行大量的色彩训练，我们将会拥有一个多姿多彩的美妙世界。

由于影像思考口诀内容比较庞大，因此我们从影像思考口诀引申出两个新的口诀，在后面的内容中会着重介绍。大家要非常重视影像思考口诀，要有这样一个意识，那就是当你要快速学习或记忆的时候都要想到用影像思考来帮助。影像思考口诀虽然表面简单，却是最有内涵的，下一章我们还会更详细地进行讲解。

后记：升级大脑具体地就是升级我们的左脑和右脑。左脑的核心是理解，右脑的核心是想象，升级大脑再进一步核心化来说就是提高我们的理解能力和想象能力。这两种能力是影像思考能力的基础，是提高记忆力及升级大脑最基本的能力。那么怎么提高理解能力和想象能力呢？我们在接下来的讲解中进行解答。

第二节　左脑理解

左脑升级——理解：理解口诀可以使我们的左脑得到更好的锻炼，从而把左脑的与众不同的潜能开发出来，思考问题时更加有逻辑、更加敏捷，也更能跳出传统思维误区的左脑。虽然目前流行的记忆术比较倾向于右脑的开发，但实际上来说，科学的发展还是以左脑型人才为主力，所以左脑的开发才是目前的根本，也是记忆法学员考试成绩未必能拿第一名的一个原因。提高成绩还得靠左脑的开发，得靠左脑理解能力的提升。那为什么理解那么重要呢？

理解的好处

增强理解能力，能够轻松搞定同类型内容的记忆。

理解能力的增强，对于理科方面最有帮助，可以帮助我们快速读懂题目，理清解题思路。而在文科的阅读方面，理解能力也一贯受到重视。

接下来的理解口诀的主要作用是按照记忆内容的意思来呈现对应的影像。目前国内外的全脑教育机构几乎都不怎么对左脑进行训练，事实上左脑的训练才是根本。因为我们无论怎么偏向训练右脑，生活和学习中用得最多的主要还是左脑，偏向左脑的习惯很难改变。总而言之必须重视左脑开发。那么怎么开发左脑呢？

第五招：左脑理解=知道+描述=多问几个“是什么样子的”，并尝试描述出来。

“敏而好学，不耻下问”，要想提高理解能力就要多问几个为什么。牛顿被苹果砸到而多问了一个为什么就发现了万有引力；陈胜吴广多问了一句“王侯将相宁有种乎”而成就了中国历史上第一次农民起义；很多记忆爱好者就问了一句“为什么记忆大师记忆力那么好”而慢慢成为记忆大师。如果我们多问几个为什么，不仅可以提高理解能力，说不定还能有一番成就，实现我们想都不敢想的梦想。

通过理解的训练，我们就能很方便地把难记影像转化成易记影像。

理解训练——描述训练

（一）词语描述训练

1. 名词

（1）云南 （2）上海 （3）李白 （4）白居易 （5）中国 （6）思想 （7）品德 （8）品质 （9）质量 （10）友谊 （11）方法 （12）狗屁

名词影像方法：能直接影像的直接影像，抽象名词的影像可以拆分词语来理解。

举例：

（1）云南——云的南端

（2）上海——上边的海

（3）李白——语文书上李白的影像

（4）白居易——语文书上白居易的影像

（5）中国——中间的国家

（6）思想——思和想

（7）品德——品德好的人

（8）品质——品质好的东西

（9）质量——质量好的产品

（10）友谊——好朋友

（11）方法——方法高手

（12）狗屁——一阵风

2. 动词

（1）说 （2）走 （3）跑 （4）吼 （5）叫 （6）学习 （7）起飞 （8）审查 （9）认识 （10）想你 （11）重视 （12）注重 （13）尊敬 （14）了解 （15）相信 （16）佩服 （17）惦念

动词影像方法：简单的直接影像，难点的在动词后面加一个名词组成动宾结构。

举例：

（1）说——嘴巴说的动作

（2）走——走路的样子

（3）跑——跑步的样子

（4）吼——嘴巴圆圆的吼叫

（5）叫——叫喊的样子

（6）学习——正在听课或写作业

（7）起飞——起飞的飞机

（8）审查——老师审查作业

（9）认识——见到字认识

（10）想你——坐着发呆

（11）重视——睁大眼睛看

（12）注重——注意重视盯着看

（13）尊敬——敬礼的样子

（14）了解——了解信息

（15）相信——相信你

（16）佩服——竖起大拇指

（17）惦念——惦念

3. 形容词

（1）奢侈　（2）胆小　（3）丑恶　（4）美丽　（5）红色　（6）通红　（7）雪白　（8）红彤彤

形容词影像方法：可以直接影像的直接影像，难点的在形容词后面添加一个物品即可。

举例：

（1）奢侈——奢侈的人

（2）胆小——胆小的老鼠

（3）丑恶——丑恶的魔鬼

（4）美丽——美丽的女孩

（5）红色——红色布条

（6）通红——通红的脸

（7）雪白——雪白的衣服

（8）红彤彤——红彤彤的云彩

4. 其他词语

一　二　两　三　七　十　百　千　万　亿　半个　张　只　支　本　架　辆　颗　株　头　间　把　扇　寸　尺　丈　斤　两　吨　升　斗　加仑　欧姆　立方米　次

影像方法：具体情况具体分析。

举例：

（1）一——一根手指

（2）二——两根手指

（3）两——两个拇指

（4）三——三个手指

（5）七——七星瓢虫

（6）十——十根手指

（7）百——百元大钞

（8）千——千手观音

（9）万——万水千山

（10）亿——亿万富翁

（11）半个——半个西瓜

（12）张——一张纸

（13）只——一只羊

（14）支——一支笔

（15）本——本子

（16）架——架子

（17）辆——一辆车

（18）颗——一颗瓜子

（19）株——一株树苗

（20）头——头

（21）间———间房

（22）把——把手

（23）扇——扇子

（24）寸——寸头

（25）尺——尺子

（26）丈——方丈

（27）斤———斤猪肉

（28）升——升旗

（29）吨———吨水泥

（30）斗——量斗

（31）立方米———立方米水

（32）次———次吃饭

（二）句子描述训练

1. 古诗句子

过故人庄

唐・孟浩然

故人具鸡黍，邀我至田家。绿树村边合，青山郭外斜。

开轩面场圃，把酒话桑麻。待到重阳日，还来就菊花。

诗句影像方法：能直接理解的直接影像，有字或词语的意思不理解的先理解。

举例：

（1）故人具鸡黍：故人是老朋友的意思，具是准备的意思，鸡黍是鸡和黄米饭的意思，连起来就是老朋友准备了鸡和黄米饭。

（2）邀我至田家：邀（邀请）、至（到）、田家（田庄的家），连起来就是邀请我到他家。

（3）绿树村边合：合（环绕），连起来就是绿树把村落环绕起来。

（4）青山郭外斜：郭（村庄的外墙）、斜（xiá）意为倾斜，连起来就是青山在村庄外倾斜。

（5）开轩面场圃：开（打开）、轩（窗户）、面（面对）、场（打谷场）、圃（菜园），连起来就是打开窗户面对谷场菜园。

（6）把酒话桑麻：把酒（端着酒杯）、话（谈论）、桑（桑树）、麻（麻树），连起来就是端着酒杯谈论桑麻的情况。

（7）待到重阳日：待到（等到）、重阳日（重阳节），等到重阳节的时候。

（8）还来就菊花：还（huán）（返）、就（靠近、欣赏）、菊花（菊花），连起来就是返回来欣赏菊花。

2. 现代文句子

现代文句子影像方法：能直接理解的直接影像，有字或词语的意思不理解的先理解。

举例：

（1）聪明在于学习，天才在于积累。

分析：聪明（的人）、学习（听课或写作业）、天才（超级聪明的人）、积累（堆积东西）

描述：聪明的人在写作业，天才在堆积东西。

（2）世上无难事，只要肯攀登。

分析：难事（很难的事情）、攀登（爬山）

描述：很难的事情就是爬山一下子到山顶。

（3）为中华之崛起而读书。

分析：中华（国旗）

描述：在国旗下读书。

（4）任何成就都是刻苦劳动的结果。

分析：成就（成果的东西）、劳动（搬砖等）

描述：拿着成果搬砖。

（5）书籍是人类进步的阶梯。

分析： 进步（往上走路）

描述： 踩着书籍当阶梯走上去。

后记： 大部分的内容和现象可以通过左脑理解来把难记影像转为易记影像，那如果没有什么规律理解不了的话怎么办呢？比如QQ号码、手机号码，一般情况下都是随机的。又比如说像圆周率是3.14159265358979323846264338327 9……这些数字组合我们是难以理解的，如果要记住它们，该怎么办呢？后面我们就会给出精彩的答案。

第三节　右脑想象

从这一招数的名称“右脑想象”你就可以知道，在左脑暂时无法理解的情况下，我们就要用到右脑了，主要就是右脑的想象。

在记忆法里，想象是最基本的记忆技术，学不会则非常影响记忆法的使用，有些学习记忆法的学员之所以不能很好地运用记忆法就是因为想象力不够，或者更一针见血地说是想象技巧不够，所以研究和学习想象技巧就显得非常重要。想象口诀本身包含了很多想象技巧，只要你用心去学，一定会有非常大的收获。

全脑：

想象记忆法，是利用识记对象与已知对象进行想象连接的记忆方法。一句话表述就是：怎么像怎么记，再加一个小故事。

右脑想象=声音（想象）+形状（想象）+意思（想象）+奇特法（想象）

声音想象： 声音想象也叫谐音想象，就是根据声音的相似之处来记忆。

形状想象： 形状想象也叫形似想象，就是根据形状的相似之处来记忆。

意思想象： 意思想象也叫义近想象，就是根据意思的相似之处来记忆。

奇特法想象： 除以上想象之外的想象方式。

我们接受信息的途径有哪些呢？一是耳朵听到的（声音想象），二是眼睛看到的（形状想象），三是大脑认知的（意义想象），四是其他途径（其他想象）。所以我们的想象技巧不是凭空捏造的，是有根据的，是根据我们接受信息的途径来研究的，它包含了我们接受信息的方方面面。

耳朵听到的信息以声音方式进入耳朵我们可以进行声音想象；眼睛看到的信息以影像方式进入我们的眼睛我们可以进行形状想象；信息产生于大脑内部的我们可以进行意义想象；信息来自于其他途径的我们就用其他想象。任何的想象方法和想象技巧都包含在想象口诀里面，只要我们努力训练和使用想象口诀，那么我们的想象力一定会很快地得到提升，甚至可以达到随心所欲的地步。接下来就举一些例子来讲解。

练习：怎样快速记忆下面这些数字底下对应的词语？

01	02	03	04	05	06	07	08	09	10
铅笔	鸭子	耳朵	红旗	吊钩	手枪	拐杖	葫芦	猫	棒球
11	12	13	14	15	16	17	18	19	20
筷子	婴儿	医生	钥匙	鹦鹉	石榴	仪器	腰包	衣钩	香烟

记忆方法：数字代码的解释和记忆

01	02	03	04	05	06	07	08	09	10
铅笔	鸭子	耳朵	红旗	吊钩	手枪	拐杖	葫芦	猫	棒球

分析：1形状像铅笔，所以01对应铅笔；2像鸭子，所以02对应鸭子；3像耳朵，所以03对应耳朵；同样的，4像红旗，5像吊钩，6像手枪，7像拐杖，8像葫芦，猫有9条命，1像棒、0像球，所以10是棒球。

11	12	13	14	15	16	17	18	19	20
筷子	婴儿	医生	钥匙	鹦鹉	石榴	仪器	腰包	衣钩	香烟

分析：11像筷子，12声音像婴儿，13到19对应的词都是听起来像，一包香烟有20根，所以20对应香烟。

看完上面这些解释之后，你是不是就不用死记硬背了？好好继续学习想象口诀技术吧。在学习后面的技术之前，我们再通过下面的练习来进一步巩固初步简单的想象技术。

21音	22义	23音	24义	25音	26音	27音	28音	29音	30音
鳄鱼	双胞胎	和尚	闹钟	二胡	河流	耳机	恶霸	恶囚	三轮车
31音	32音	33音	34音	35音	36音	37音	38义	39音	40音
鲨鱼	扇儿	星星	三丝	山虎	山鹿	山鸡	妇女	山丘	司令
41音	42音	43音	44音	45音	46音	47音	48音	49音	50音
死鱼	柿儿	石山	蛇	师傅	饲料	司机	石板	湿狗	武林
51义	52音	53音	54	55音	56音	57音	58音	59音	60音
工人	鼓儿	乌纱帽	青年	火车	蜗牛	武器	尾巴	午休	榴莲
61义	62音	63音	64音	65音	66形	67音	68音	69音	70音
儿童	牛儿	流沙河	律师	绿屋	蝌蚪	油漆	喇叭	绿舟	麒麟
71音	72音	73音	74音	75音	76音	77音	78音	79音	80音
鸡翼	企鹅	花旗参	骑士	西服	汽油	机器人	青蛙	气球	巴黎
81音	82音	83音	84音	85音	86音	87音	88音	89音	90音
白蚁	靶儿	巴掌	巴士	宝物	八路	白旗	爸爸	芭蕉	酒瓶
91音	92音	93音	94音	95音	96音	97音	98音	99音	00形
球衣	球儿	旧伞	首饰	酒壶	旧炉	旧旗	球拍	舅舅	望远镜

通过这80个数字和词语的练习，我相信大家对想象技术会拥有更加深刻的理解。

告诉大家一个事实，刚才我们练习的01到00这100个数字和词语，已经让我们在记忆方面有了很大的突破，只要我们善于运用，必然成就“一代高手”。

把音、形、义等对应起来，再回顾一下前面学习的20个数字和词语吧。

01形	02形	03形	04形	05形	06形	07形	08形	09形	10形
铅笔	鸭子	耳朵	红旗	吊钩	手枪	拐杖	葫芦	猫	棒球
11形	12音	13音	14音	15音	16音	17音	18音	19音	20义
筷子	婴儿	医生	钥匙	鹦鹉	石榴	仪器	腰包	衣钩	香烟

小结：不知不觉中，我们已经把数字记忆高手的绝招学到了，虽然只有一半，但是已经比周围的朋友有优势多了，以后在数字类的信息中我们就会有很大的优势。这个时候大家也可以返回前面具体学习数字定位了。接下来的升级细化学习会让我们更加有优势的，休息一会儿就往下学习吧。

声音想象

利用记忆对象的整体发音或部分发音与其他发音相似或相同内容来进行想象的一种记忆方法。

历史上大部分音乐家甚至全部音乐家都有着出色的声像转换能力，尤其是一些创造型音乐家。比如前面已经提到的贝多芬、莫扎特，而世界著名的流行歌曲天王迈克·杰克逊也是听到声音就能转换为肢体动作直接跳舞，他们都是声像转换的大师。

通过声音想象技巧，我们可以更轻松地学习语言，可以更轻松地对声音信息进行记忆，比如英语考试听力、世界记忆大赛的听记数字、平时听课文录音，以及跟他人的谈话内容等。如果更进一步，可以记住电话号码按键的声音，然后只需要听按键声音就知道打电话的人在拨什么电话号码；同理，也可以记住计算器按键的声音；再突破一下，可以精细化地记住和感觉出来声音的大概频率。这听起来像特异功能，但实际上都可以通过声音想象的技术去突破。我们把声音想象成一整套训练系统，并称之为音像训练系统。

（一）声音想象的分类

1. 声音想象按对应声音来分

（1）同音想象：记忆对象和对应声音相同的想象。比如记忆名字，有个人的名字叫“杜紫藤”，通过声音想象为“肚子疼”，想象你看到这个人就觉得他肚子疼或者自己觉得肚子疼，这样就很容易记住这个人的名字了。

（2）近音想象：记忆对象和对应声音不一致，只是有些相似的想象。比如有个同学叫“肖雪莉”，通过声音想象成“削雪梨”，想象这个同学正在削雪梨。

2. 声音想象按记忆对象来分

（1）整体声音想象：比如记忆单词，program是节目的意思，按单词的发音想象成“破锣盖了么”，连起来就是表演的节目是“破锣盖了么”，所以听到program就想起它的意思是节目。

（2）局部声音想象：比如program节目，声音想象成“破锣”即可，连起来就是节目表演是打破锣，这样也能记住的。

小结：

（1）声音想象的实际运用中，想象不一定要跟原内容发音完全一致，只要有点相似即可。

（2）想象也不一定要整体进行想象，只需要想象一部分即可。

一、声音想象应用举例

（一）中文字词记忆处理

（1）单字记忆处理。

乃——	颛zhuān——	顼xū——	尧yáo——
虞yú——	戊——	戌——	戍——

想象参考：

乃——奶	颛zhuān——砖	顼xū——须	尧yáo——摇
虞yú——鱼	戊——雾	戌——须	戍——树

（2）词语记忆处理。

杜紫藤——	皮古达——	复清——
教授——	瓜洲——	杨氏子——
才始——	蓑衣——	老妪——
逃走——	诸位——	燧suì人——
伏羲——	帝喾kù——	唐尧yáo——摇
大禹——		

想象参考：

杜紫藤——肚子疼	皮古达——屁股大	复清——父亲
教授——叫兽	瓜洲——瓜粥	杨氏子——羊柿子
才始——踩屎	蓑衣——缩衣	老妪——老玉
逃走——桃枣	诸位——猪喂	燧suì人——碎人
伏羲——呼吸	帝喾kù——底裤	唐尧yáo——摇
大禹——大雨		

小结：通过声音想象之后，不容易记忆的词汇就会变成易记影像。

（二）数字类信息记忆处理

在数字记忆方面使用了大量声音想象。

（1）纯数字翻译。

36273——	39732——	8137——
7758258——	12137637——	520——
201314——	5371——	

想象参考：

36273——傻妞，你真傻

39732——帅哥痴仔哦

8137——不要生气

7758258——亲亲我吧，爱我吧

12137637——一二一，当兵有饭吃

520——我爱你

201314——爱你一生一世

5371——武装起义

小结：纯数字的声音想象是很好玩的，如果我们要做保密工作方面的沟通，那么就用数字。

（2）数字对数字。

16×16=256　　19×19=361

想象参考：

16——石榴，256——爱蜗牛，连起来就是石榴爱蜗牛

19——药酒，361——鞋子品牌，连起来就是药酒洒在361牌子的鞋子上

小结：通过数字对数字的想象可以帮助我们直接记住计算题的答案，再加上一些运算规律，那么就会在运算方面很吃香了。德国有位世界速算高手，他就运用了这里讲到的数字记忆而多次获得世界心算大赛的冠军。

（3）数字文字结合。

公元前2070年，禹建立夏朝

公元前1600年，商汤灭夏，商朝建立

公元前1046年，周武王灭商，西周开始

公元前770年，周平王迁都洛邑，东周开始

公元前221年，秦统一六国

公元前202年，西汉建立

公元25年，东汉建立

220年，魏国建立

221年，蜀国建立

222年，吴国建立

265年，西晋建立，魏亡

317年，东晋建立

想象参考：

①**内容：**公元前2070年禹建立夏朝

分析：2070（爱你吃你）禹（雨）夏（下）

记忆：爱你吃你的时候雨就下了。

②**内容：**公元前1600年商汤灭夏，商朝建立

分析：1600（一路铃铃）商汤（上汤）

记忆：路铃铃的响，原来上汤了。

③**内容：**公元前1046年周武王灭商，西周开始

分析：1046（衣领饲料）西周（西瓜粥）

记忆：周武王吃西瓜粥的时候衣领上有饲料。

④**内容：**公元前770年周平王迁都洛邑，东周开始

分析：公元前770（吃麒麟）年周平王迁都洛邑，东周开始

记忆：周平王凭什么吃麒麟呢？

⑤**内容：**公元前221年秦统一六国

分析：

记忆：

⑥**内容：**公元前202年西汉建立

分析：

记忆：

⑦**内容：**公元25年东汉建立

分析：

记忆：

⑧**内容：**220年魏国建立221年蜀国建立222年吴国建立

分析：

记忆：

⑨**内容：**265年西晋建立，魏亡

分析：

记忆：

⑩**内容：**317年东晋建立

分析：

记忆：

小结：通过声音想象我们可以记忆数字和中文内容的结合信息，比如历史年代、地理中山峰的高度、海沟的深度、地球的直径半径和其他的一些内容。

（三）英语单词记忆

所有的英语单词都可以通过声音法来记忆。

（1）ambition /æmˈbɪʃn/ n.野心

分析：俺必胜（发音想象）

记忆：有野心，俺必胜！

（2）ambulance /ˈæmbjələns/ n.救护车

分析：俺不能死

记忆：俺不能死，快点叫救护车。

（3）global /ˈgləʊbl/ adj.全球的

分析：哥搂抱

记忆：哥搂抱全球全世界的美女。

（4）envelope /ˈenvələʊp/ n.信封

分析：安慰老婆

记忆：寄个信封安慰一下老婆。

（5）avenue /ˈævənju:/ n.大街

分析：爱喂牛

记忆：我在大街上爱喂牛。

（6）admire /ədˈmaɪə/ 羡慕

分析：额的妈呀

记忆：额的妈呀，真是羡慕你。

（7）ponderous /ˈpɒndərəs/ adj.肥胖的

分析：胖的要死

记忆：胖的要死，真是肥胖的。

（8）pest /pest/ 害虫

分析：拍死它

记忆：拍死它，是条大害虫。

（9）agony /ˈægəni/ 痛苦

分析：爱过你

记忆：爱过你就知道什么是痛苦了。

（10）bale /beɪl/ 灾祸

分析：背噢

记忆：背噢，碰上这样的灾祸。

小结：任何单词都可以用到声音想象，甚至还可以扩展后使用拼音的声音想象来记忆。只要我们先把单词的发音读熟就不会因为使用声音想象而造成发音不准。

其他很多内容的记忆处理都用到声音想象，大家可以尽情地去探索吧。

二、形状（形似）想象

（一）形状想象的简单介绍

1.因为事物的外部特征或性质相似而由一事物想到另一事物的一种想象。比如“b”很像“6”，有“g”很像“9”，“00”很像望远镜，象形文字的字像形等。

在记忆过程中，如果很好利用形似想象，我们的记忆效果会大大提高。形似想象的应用范围大大超越你的想象，形似想象可以说是记忆杂技表演的基础。

2.形似想象的三种类型

（1）标准形似想象：比如“11”想像为“筷子”。

（2）扩展形似想象：比如“旗参”扩展为“花旗参”

（3）压缩形似想象：比如“破锣盖了么”压缩为“破锣”。

（二）形状想象的应用举例

1.文字形状想象

中国甲骨文的象形字“酒”字去掉三点水是“酉”，就像是没有了酒的酒瓶；“龟”（特别是繁体的[龜]）字像一只龟的侧面形状；“门”（繁体的[門]更像）字就是左右两扇门的形状；“日”字就像一个圆形，中间有一点，很像人们在直视太阳时，所看到的形态；“月”字像一弯月亮的形状；“艹”（草的本字）是两束草，“鱼”是一尾有鱼头、鱼身、鱼尾的游鱼；“马”字就是一匹有马鬣、有四腿的马。

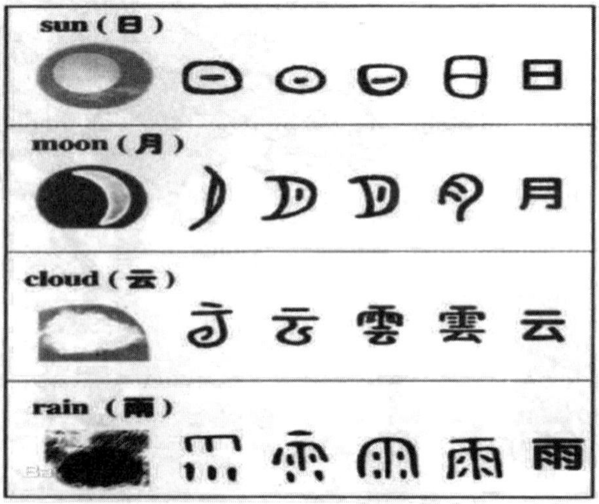

“爱”字的表象

“舞”字的表象

“狩猎”的表象

象形文字是指纯粹利用图形来作文字使用，而这些文字又与所代表的事物在形状上很相像。以下图形是一位不识字的妻子给外地工作的丈夫的信，丈夫看后马上就回家了。你知道为什么吗？

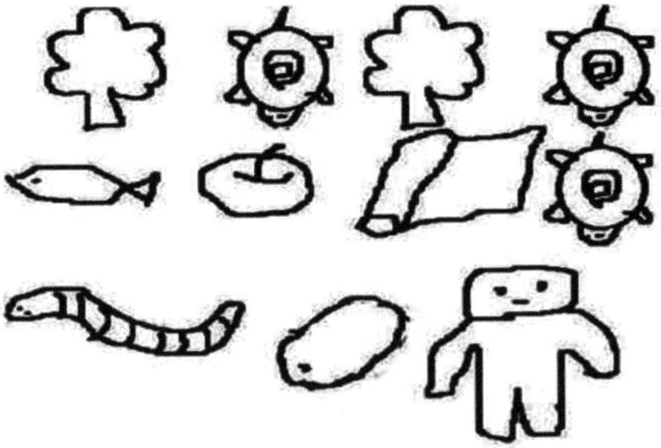

中国最初的文字就属于象形文字，甲骨文、石刻文和金文亦算是象形文字。汉字虽然还保留象形文字的特征，但经过数千年的演变，已跟原来的形象相去甚远，所以不属于象形文字，而属于属于表意体系的语素文字。这就是为什么我们现今的有些字不那么容易根据形状想象出对应的画面。

2.英语单词记忆

大部分英语单词也可以通过形状（拼写）想象来记忆。

（1）assess /əˈses/ vt.评估

分析：a—ss两个美女es饿死s美女

记忆：一对美女饿死了一个美女，损失无法评估。

（2）gloom /gluːm/ n.忧郁

分析：gloo（9100）+m（米）

记忆：要跑9100米，我很忧郁。

（3）bamboo /ˌbæmˈbuː/ n.竹子

分析：ba爸m妈boo（600）

记忆：爸妈吃了600根竹子。（爸妈是大熊猫吗？）

（4）thunder /ˈθʌndə(r)/ n.雷

分析：th跳河under在.....下面

记忆：雷声吓得我跳到河下面。

（5）woo /wuː/ v.求爱

分析：w我+oo眼镜

记忆：我戴着眼镜求爱。（墨镜看起来酷点）

（6）grip　/grɪp/　n.紧握

分析：gr工人ip卡

记忆：工人总是紧握ip卡。（有钱在里面）

（7）log　/lɒg/　n.木头

分析：log（109）

记忆：我吃了109根木头。

（8）boom　/buːm/　n.繁荣

分析：boo（600）m米

记忆：繁荣的大街有600米宽。

（9）mall　/mɔːl/　n.购物商场

分析：ma妈ll（11）

记忆：妈妈开了11家购物商场。（真是富婆啊）

（10）trap　/træp/　n.圈套，陷阱

分析：tr土人ap阿婆

记忆：土人把阿婆推到陷阱。（真是缺德啊）

3.人名记忆

可以通过形状（拼写）想象来记忆。

比如有个人的长相或者名字很像你的朋友，你往往比较容易记住他（她）的长相和名字。比如她的脸是很标准的瓜子脸，那么我们很可能就会想到娱乐明星范冰冰；假如她的脸是一副标准的东方女性的脸，那么我们很可能就会想到另一位娱乐明星章子怡；假如一个人的名字叫刘德，我们就很容易想到刘德华。

三、意思（义近）想象

因为事物在时间、空间，以及意义上的接近关系，由一事物想到另一事物的一种想象。

义近想象的两种类型

（1）望文生义：比如“生义”想象为“生活的意义”。

【夫唱妇随】丈夫去歌厅，老婆尾随跟踪。

【度日如年】表示日子非常好过，每天像过年一样。

【杯水车薪】形容每天上班办公室喝杯茶，月底可以拿到买一辆车的工资。

【知足常乐】知道有人请自己洗脚，心里就感到快乐。

【见异思迁】看见漂亮的异性就想搬到她那里去住。

【语重心长】别人话讲得重了，心里怀恨很长时间。

【知书达礼】仅知道书本知识是不够的，还要学会送礼。

【朝三暮四】早上和三个人斗地主，夜幕和四个人搓麻将。

郑重声明：这些想象千万不能当作真正的意思去理解，在考试或作业的时候不能这么写或理解这些词的意思，在此只是借用来举例子而已，只为方便影像化。

（2）接近想象：比如由秦始皇想象到陈胜、吴广，由杭州想象到西湖，由河想象想到船，由蓝天想象到白云等。

四、奇特法想象

奇特法想象是想象的一种特殊形式，是一种非逻辑想象，它是以夸张、荒谬的形式，对知识与信息进行重组。通过离奇的、特别的想象并在头脑中呈现相应的物象来增强记忆的方法。

1.奇特法想像的3种方法

（1）动态法：让不会动的静止物象动起来。

（2）夸张法：为了影像记忆的需要，可以把物象变大变小，变长缩短，变多变少等。

（3）代用法：有些不好理解和影像的内容可以转化为方便记忆的物象。

这种想象的关键是突出“奇特”两字，想象一点是与日常所见所闻是不同的。

奇特法想象属于非逻辑想象，是一种非常荒谬的想象。它利用一些离奇古怪的想法，可以把有关事物、词语或知识联系到一起。如飞机和信封，进行奇特荒谬的想象就是“飞机装进信封里”，而正常思维是“信封在飞机里”。

2.奇特法想象的重要性

由于奇特法想象可以把任何几乎没有任何逻辑关系的事物或词语联系起来，因此，它是实现快速记忆的撒手锏。所以，进行奇特想象练习，是我们练习短时速记的重点。

奇特想象训练：

街道——西瓜	高楼——山洞	火车——水流	玻璃——魔鬼
土豆——小溪	冰山——复印	山羊——戏院	孔子——美国
员工——战机	收入——清油		

方法参考：

街道——西瓜：街道上有很多大西瓜

高楼——山洞：高楼上有个山洞

火车——水流：火车开到了水流的地方

玻璃——魔鬼：用玻璃来割魔鬼

土豆——小溪：土豆长在小溪

冰山——复印：冰山上有一台复印机

山羊——戏院：山羊在戏院唱戏

孔子——美国：孔子去美国旅游

员工——战机：每个员工都开着战机

收入——清油：很多人的收入都用来买清油

小结：升级大脑的内容我们就学到这，不过我们还要提醒各位，我们平时还要多训练来继续升级我们的大脑，这样才能让我们保持巅峰的脑力状态。大脑升级好了之后，那接下来就有好戏看了，记忆法将隆重登场，你们将会以一种跟以往完全不一样的感觉来体验，好好地享受那种感觉，一定会很奇妙的。

影像的固定使用——编码的神话

如果大家留心的话就会发现，为了方便沟通、管理和研究等，每个学生都有一个学号，每一台手机都有一个固定的号码，每个人都有固定的身份证号码，每个家庭住址都有固定的门牌号，每个村落、每个乡镇、每个县市、每个省份和每个国家都有相对固定的编号，甚至地球有个编号、星星有个编号、太阳系有个编号……在科学研究领域如此，在记忆法的研究和应用中也是如此，对一些相对固定、出现频率较高的记忆内容进行编号，甚至是编码。

这里说的编码是什么呢？编码就是一种影像代码，是记忆内容影像化的结果。把内容影像化后得到影像代码，这种技术或者过程我们称之为编码技术，也叫编码。

对所记内容进行编码是世界记忆大师的不二法宝，大师们之所以能够在记忆比赛中表现出远远超出常人的记忆水平，最基本的技术就是编码的技巧，编码编得好与坏几乎决定了一个记忆选手能否成为顶尖高手。比如数字编码中，两位数编码在快速扑克方面占的优势非常明显，而三位数编码在历史年代或马拉松项目中占很大优势，如果我们要成为顶尖记忆选手，那么编码技术是我们不得不学的技术。

一、什么内容需要编码

在记忆的学习中，那些出现频率较高而彼此之间又容易混淆的内容可以进行编码，比如abc等26个字母，常见的字母组合，每个文字，每一首古诗，每一篇课文，每一条公式，每一首歌，每一个舞蹈或武术动作，麻将大赛中的136张麻将牌，世界记忆比赛时用的数字01到99和00等100个数字，52张扑克牌，每个名字，每个随机图案，等等。一句话，凡是需要超级快速记忆的内容都可以而且都需要进行编码。

二、编码的类型

编码的类型无非就是两种，一种是编码名称固定不变的。比如数字01编码是铅笔，一旦定下来之后基本都是不变的，01的编码就是铅笔，又如字母红桃K的编码是刘三姐等，这些编码我们称为固定编码，一般应用在比赛项目的训练。另一种是编码名称可以变化的，比如字母C的编码可以是月牙，也可以是嘴巴；th的编码可以是屠户，也可以是跳河等，这些编码我们称为可变编码，一般应用在平时的学习中。

三、编码的作用

快速把所记忆内容影像化，进而方便记忆，大幅提高记忆效率。常见编码可参考本书的其他章节。

四、挑战内容

把自己的字母编码、字母组合编码、数字编码、扑克编码和名字编码等倒背如流。

第四章 挑战最强大脑

通过前面的大脑升级，我们的思维变得非常活跃，理解描述能力和想象力也大幅提升。这样我们就相当于进入了一个高效学习和记忆的频道，就拥有了强大的记忆和学习技能基础，就像一台电脑从256M的内存提高到2G一样。我们如果想要更精彩的人生，那么我们不会满足于只是升级过的大脑，不会满足，永远不会满足，我们要把我们的大脑运用到极致，我们要挑战最强大脑。

第一节　思维导图

思维导图的概念

什么是思维导图呢？

思维导图是世界大脑先生托尼·博赞发明的一种思维工具；它运用图文并茂和结构化的技巧，把主题关键词与图像、颜色等建立记忆连接；它充分运用了左右脑的机能，利用记忆、阅读、思维的规律，协助人们在科学与艺术、逻辑与想象之间平衡发展；开启人类大脑的潜能，提高学习和工作的效率，被称为“打开大脑潜能的万能钥匙”。思维导图与记忆术、快速阅读被称为“学习三剑客”，托尼·博赞先生说：“如果把学习比作一场作战，那么记忆术相当于士兵手中的武器，而思维导图则是指挥官手中的指挥图，两者合二为一，战无不胜！”

看了这段思维导图的定义后我心里出现了两个字：复杂。为了让思维导图更加容易学习和感知，我们重新给思维导图做了新的定义。

思维导图的新定义：具有思维导向功能的图就叫作思维导图。

是不是简单得多了？现在为了让大家更加明白思维导图是什么，我们来个拆字理解，把思维导图拆分成4个字来理解。

思维导图=思+维+导+图

思：思代表思路，思路也是一种路，正着走的思路叫正向思维；反着走的思路叫逆向思维或反向思维。只能正着或反着走的思路叫单向思维，可以正着走也可以反着走的思路叫双向思维。东西走向的思路叫横向思维，南北走向的思路叫纵向思维或垂直思维，如果既有横向又有纵向的思路叫纵横思维，也叫发散思维。

维：维代表维度，按维度有一维、二维和三维，那么一维对应的是线性思维，二维对应的是平面思维，三维对应的是立体思维。

导：导代表导向，即导向功能，具有导向功能的物品比如指路牌，既有文字也有箭头。

图：思维导图的本质是图，这是思维导图导图最终呈现的形式。

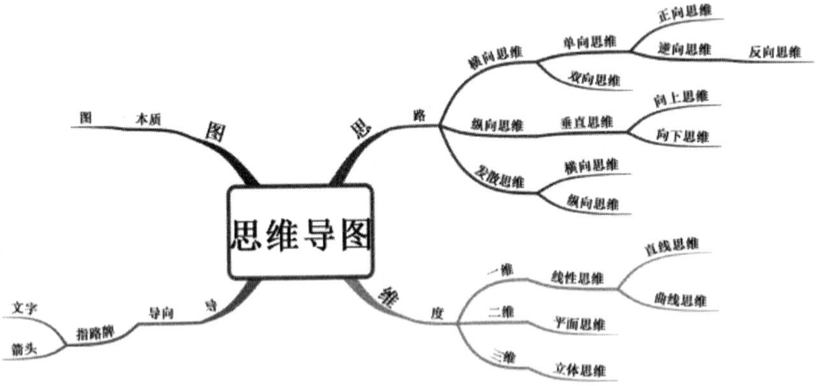

思维导图的用途

思维导图的用途有很多种，可以帮助我们更好地学习、工作和生活，几乎到处都可以用到。

（一）快速吸收

（1）笔记（阅读、课堂、学习、面试、演讲、研讨会、会议记录等需要记录要点时）。

（2）温习（预备考试、预备演说等需要加深记忆时）。

（3）小组学习（小组讨论、家庭计划等需要共同思考时）。

（二）快速创造

（1）创作（写作、学科研习、水平思维、新计划等需要创新时）。

（2）选择（决定个人行动、团队决议、设定先后次序等需要做出决定时）。

（3）展示（演讲、教学、推销、解说、报告等需要向别人说出自己想法时）。

（4）计划（个人计划、研究计划、问卷设计等需要行动前思考时）。

思维导图的三大要素

一张完整的思维导图至少包括3个方面，中心主题、分支和文字等三要素，如果没有这三要素，那么它就不叫思维导图。

（一）中心主题

中心主题是思维导图的中心思想，也就是中心主旨所在，一张思维导图如果没有中心思想，那么思维就会显得很零散和混乱。

（二）分支

分支是中心思想的大纲和内容，一级分支代表的是大纲，二级分支或后面的分支代表的是大纲细化后的内容。有了分支，可以让整体结构更加合理，能更加突出重点。

（三）文字

思维导图如果没有文字，会影响阅读者对导图内容的理解，甚至引起误解，所以适当的文字表示是必要的。

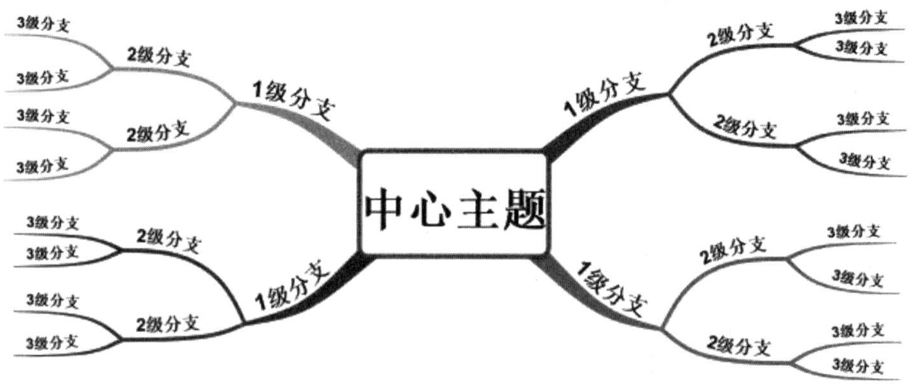

思维导图的七大技法

通过前面的介绍，大家已经知道思维导图的三大要素是中心主题、分支和文字。什么是要素呢？要素就是必需的因素，那除了必需的因素外，我们是否可以适当地增加一些因素呢？答案是可以的。为了使思维导图更加完善，更有效地刺激大脑，做到左右脑结合，更加具有思考和欣赏价值，我们在多年的学习和应用思维导图的过程中额外增加了7个因素，而且给这7个要素增加了一定的规则和技巧，7个因素一部分是三要素的完善，一部分是新增加的，它们分别是纸张、笔、中心图、主干、分支、文字和插图。我们把它们称为思维导图的七大技法，下面详细给大家分享。

（一）纸张

（1）空白的：用来画思维导图的纸张我们建议是空白的，那样避免了无关内容的影响。

（2）方向：纸张一般横放，那样可以容纳更多的信息。

（3）大小：一般采取A4纸来画是比较方便的，一来有足够的地方书写，二来是方便携带。

（4）起点：画图的时候从纸张的中心开始画，把中心主题放在中间。

（二）笔

（1）黑色笔：一般情况下，文字是用黑体字来写的。

（2）彩色笔：彩色的思维导图更能刺激大脑，也更能刺激观赏的欲望，因此可以增加彩色笔。

（三）中心图

把中心主题升级为中心图使思维导图更加图像化，更加具有图像感，整体美观度上升几倍。

（1）三色：中心图尽可能的用3种或以上的颜色去画，那样层次感强了很多，更加具有图像感。

（2）鲜艳：鲜艳的颜色在视觉冲击上更有力度。

（3）明确：中心图是明确表达中心主题的，因此要明确中心主题和中心图的表达。

（四）主干

一级分支即主干，这样就可以和其他分支有一个更大的区别，层次更加分明。

（1）颜色：尽可能选择彩色的，而且相邻主干的颜色差异要大，选择醒目的颜色，要和主题更加相关的。

（2）形状：主干的形状是由粗到细的，那样的线条显得更加柔和，有主次感。

（五）分支

为了和一级分支做出区分，我们把二级分支或后面的分支统称为分支。

（1）位置：分支要从主干或上一级分支的末端引出，那样更加清晰明了。

（2）线条：分支的线条也是由粗到细的或者用细线代表。

（3）形状：分支的形状是发散的，不能聚在一起，而且是曲线的，最好不要太直，那样显得柔和，并且更有美感。

（4）长度：分支线条的长度要和图像或线条上面的文字一致，不能拖尾巴。

（六）文字

（1）位置：文字统一写在线条上方，那样可以明确分支的内容。

（2）关键词：文字尽量用关键词，那样就不会有太多内容在线条上面，显得简洁许多。

（3）归类：文字的内容尽可能是归类好的，而且要准确，那样方便高效吸收，也方便检索。

（七）插图

思维导图适当地加上一些插图，可以让思维导图的内容重点更加突出，而且更加美观和适合大脑消化。

（1）有趣：插图尽可能地有趣，那样让人更加喜欢。

（2）3D：如果可以，你还可以画成3D的样子，当然一般人不会画3D图，所以可以自由选择。

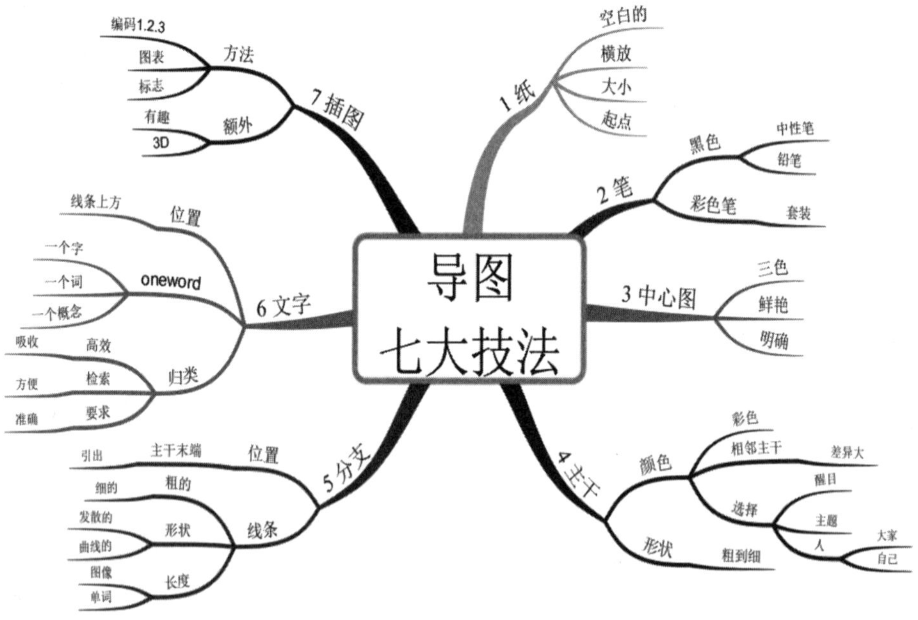

思维导图的四大心法

（一）颜色技巧

在思维导图的创作中，给它加上颜色无疑会更加精彩。大家可能不一定知道一个事实，那就是大脑是好色的，而且左右脑是有差异的。而且颜色的选择也非常有讲究的，具体来说，有哪些注意事项呢？一般来说颜色有如下基本规则：红色代表情绪感受，黄色代表正面乐观，绿色代表创意上思考，蓝色代表程序规则，黑色代表负面否定，白色代表客观事实。

（二）结构布局技巧

思维导图的创作非常讲究结构布局，布局得好，整体看起来会非常舒适，而且思考起来会比较顺畅。结构布局一般来讲要均衡，如果有些地方空白，而有的地方很挤，思维导图的效果就会大打折扣；另外还要照顾每个主干和分支的占用空间，重要的内容要更加详细，地方也会占得多一些。除了整体内容的布局，还要照顾线条的走向，线条可以往上弯曲和向下弯曲，也可以向左伸展和向右伸展。

（三）bois

bois是基本分类概念的缩写。思维导图的创作在内容上要进行分类，内容进行分类之后更适合于消化和拓展。分类分为逻辑归类和非逻辑归类。逻辑归类比如说按空间顺序（比如上、中、下）来分，或者按时间顺序（比如过去、现在、未来）来分等；非逻辑归类可以是通过联想的方式来实现。

（四）关键词

关键词如何选择？比如说一句话里面，一个词删除了它对句子没有多大影响，那么它就不是关键词；如果删除了它对整句话有很大影响，那么它就是关键词。另外，关键词的选取尽可能先选择名词，特别是直接能形成影像的名词，其次是动词或形容词，最后是其他词。写在思维导图上的关键词遵守one word原则，即一个字、一个词或一个概念，选择的关键词要简单易记，而且是核心。

思维导图的两大应用系统

思维导图的用途非常广泛，我们经过归纳总结后把它总结为两方面的应用，也就是两大应用系统，也叫收发两系统：一是吸收知识，在江湖上人称“黑洞传说”（传说中黑洞是可以吸取一切光的天体），也叫“吸星大法”（武侠里面可以吸取别人功力的绝招），思维导图中的逻辑和归类可以让我们更好地理解和记忆，也就很容易吸收知识；二是发散思维，在江湖上名称更多，有叫“白洞传奇”（传说中白洞是可以源源不断向外发出光的天体），也有叫魅力四射、光芒万丈、光芒四射，还有名气更大的“核裂变”，当然也有人叫“思维风暴”。发散思维非常厉害，只要是关系到计划规划、设计研发、发明创造、重大发现、思维拓展等都可以用到它。

目前虽然已经和大家说了思维导图的新旧定义、三要素、七大技法和四大心法等，但大家一定在想那么好的思维导图究竟怎么用呢？不着急，下面就给大家举一些例子来展示一下如何使用思维导图。

（一）吸收知识

思维导图吸收知识可以通过思维导图的归纳总结功能来实现，下面我们举两个例子来展示一下使用思维导图吸收知识。

1. 整理零散知识点

大家尝试记忆一下以下21个词语：

热带的、桔子、带尖的、鸡尾酒、樱桃、开花、果核、樱桃园、香蕉、菠萝、黄色、加勒比海、钾、苹果、医生、走开、夏娃、馅饼、果汁、柑橘类、维生素C

我相信除非使用我们前面章节学过的记忆法，比如故事法和连锁法等来记忆这些词语，否则死记硬背来背下这些词语的还是非常困难的。那么我们用思维导图来整理一下，看发生什么了呢？请看这张思维导图。

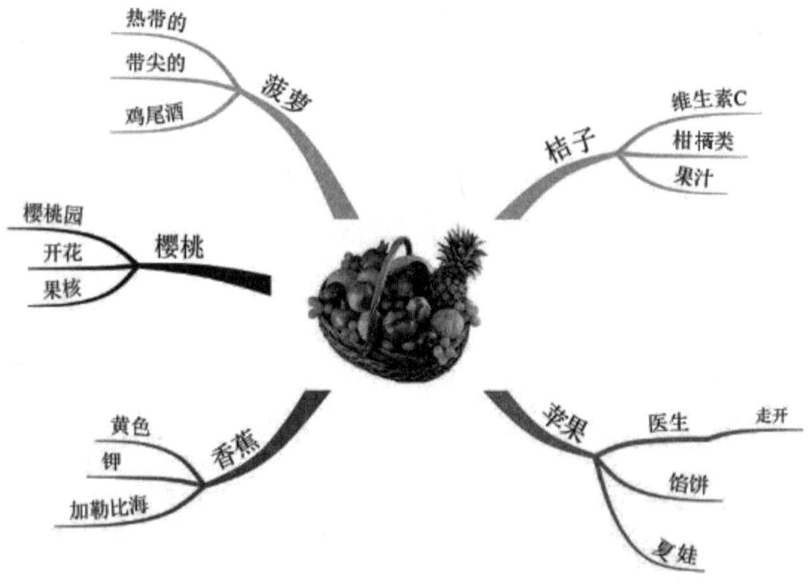

看完这张图后我们终于明白，哦，原来是水果的介绍图，我们要想记住这些词语就变得轻松多了，而且记住的还是有用的知识，而不是像前面一样零散没有多大价值的词语。

2. 整理文章

说到整理知识，个人觉得整理一篇文章是最具有价值和挑战性的，因为文章内容多，要是能够整理成一张图，那么这张图就比一大段的文字理解和记忆起来容易多了。下面我们举一个例子来学习一下如何整理文章。

桂林山水

人们都说："桂林山水甲天下，阳朔山水甲桂林。"我们乘着木船，荡舟漓江，从桂林到阳朔观赏风景。

我看见过波澜壮阔的大海，欣赏过水光潋滟的西湖，却从没有看见过漓江这样的水。漓江的水真静啊，静得让你感觉不到它在流动；漓江的水真清啊，清得可以看见江底的沙石；漓江的水真绿呀，绿得仿佛是一块无瑕的翡翠。只有船桨激起一道道水纹，扩散出一圈圈涟漪的时候，才让你感觉到船在前进，岸在后移。

我攀登过峰峦雄伟的泰山，跋涉过连绵起伏的燕山，却从没有看见过桂林这样的山。桂林的山真奇呀，像老人，像巨象，像骆驼，奇峰罗列，形态万千；桂林的山真秀哇，像翠屏，像芙蓉，像玉笋，重峦叠彩，绮丽清秀；桂林的山真险哪，危峰兀立，怪石嶙峋，好像一不小心，它就会栽倒下来似的。

我在电影里见过光怪陆离、色彩绚烂的溶洞，却没有想到桂林的洞比童话里的洞更奇绝。在桂林，无山不洞，无洞不奇。石乳凝成千奇百怪的形状。这些大自然的艺术品，件件雕镂精巧，玲珑剔透。黑黝黝的深洞，曲曲折折的幽径，迷蒙的光环，绚烂的色彩，简直就是一个童话世界。

这样的山拱围着这样的水，这样的水倒映着这样的山，山水间又有这样变幻无穷的洞，加上空中云雾迷蒙，山间绿树红花，江上蓑笠渔人，白鹭竹筏，让你感到像是走进了连绵不断的画卷，真是"舟行碧波上，人在画中游"。

整理文章的4个步骤：

（1）先通读一次：把文章通读一遍，争取能够大致理解，如果不能就多读几遍。

（2）确定中心主题：确定中心主题可以让我们更好地把握文章中心思想。就这篇文章而言，我们不难确定这篇文章的中心主题是桂林山水。

（3）理清思维脉络：文章的思维脉络不清晰的话，我们画出的思维导图理解起来就会很费力。我们给文章画思维导图本来是为了方便理解和记忆文章的，如果导图很乱，那么无异于浪费时间。这篇文章的脉络如下。

（4）寻找关键词：我们前面讲过思维导图的技法和心法，都提到导图上的文字尽可能用关键词，那么在文章整理上更加应该如此，化繁为简，把握核心。举例：“漓江的水真静啊，静得让你感觉不到它在流动”这句话的关键词就是静和流动；再举例“漓江的水真清啊，清得可以看见江底的沙石”这句话的关键词是清和沙石。依此类推，我们就可以画出这篇文章的思维导图，下面呈现出来给大家参考一下。看着导图我相信你会发现这篇文章好背诵得多了。

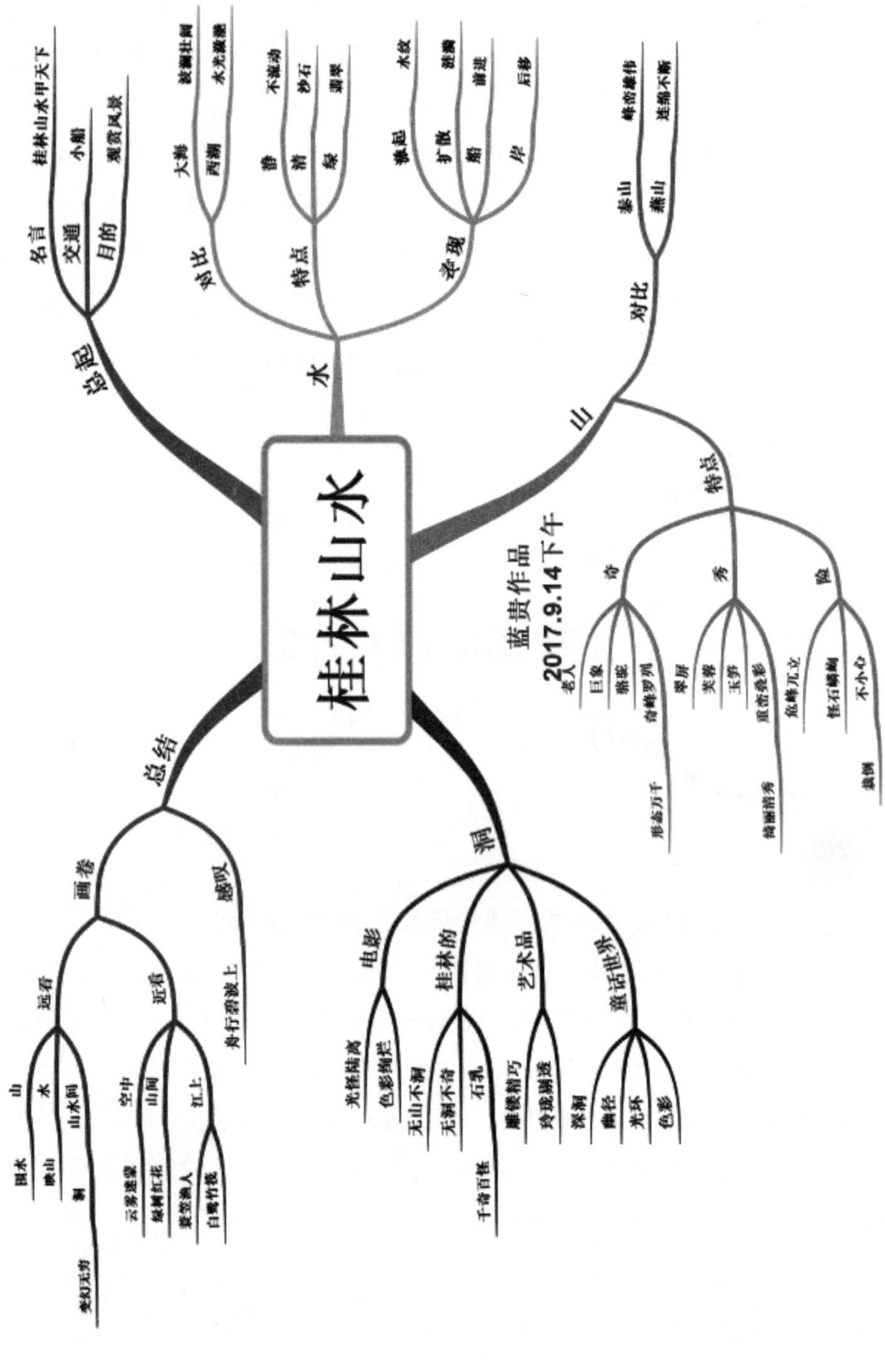
桂林山水
总起
名言
桂林山水甲天下
交通
小船
目的
观赏风景
水
对比
大海
波澜壮阔
西湖
水光潋滟
特点
静
不流动
清
沙石
绿
翡翠
体现
荡起
水纹
扩散
涟漪
船
前进
岸
后移
山
对比
泰山
峰峦雄伟
连绵不断
特点
奇
老人
巨象
骆驼
奇峰罗列
形态万千
秀
翠屏
芙蓉
玉笋
险
危峰兀立
怪石嶙峋
不小心
栽倒
蓝贵作品
2017.9.14下午
洞
电影
光怪陆离
色彩绚烂
桂林的
无山不洞
无洞不奇
石乳
千奇百怪
艺术品
雕镂精巧
玲珑剔透
童话世界
深洞
幽径
光环
色彩
总结
画卷
远看
山
水
山水间
变幻无穷
近看
空中
云雾迷蒙
山间
绿树红花
江上
蓑笠渔人
感叹
舟行碧波上

（二）发散思维

发散思维是思维导图的第二个功能。思维导图原来是用于记笔记的，后面才渐渐成为发散性思维的强大工具。发散思维的应用也非常广泛，下面我们举两个简单的例子来认识一下。

1. 层层发散拓展

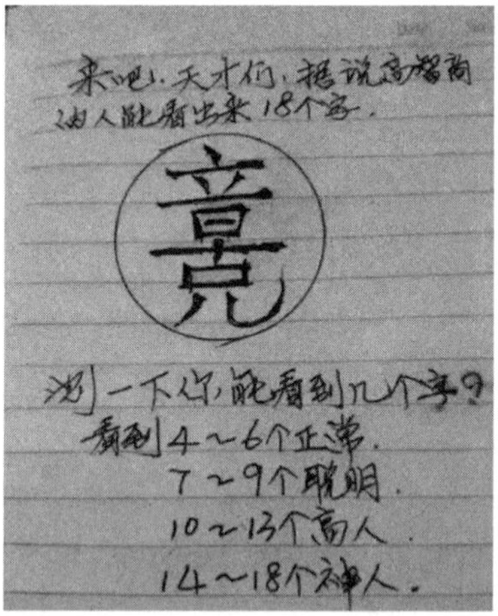

我们使用思维导图来看看能找到多少个，使用的方法是层层拆分拓展的方法，先找到大范围的字，然后再把它们细分，同时注意做到不重复。这个是我们使用思维导图找到的结果，大家可以看看。

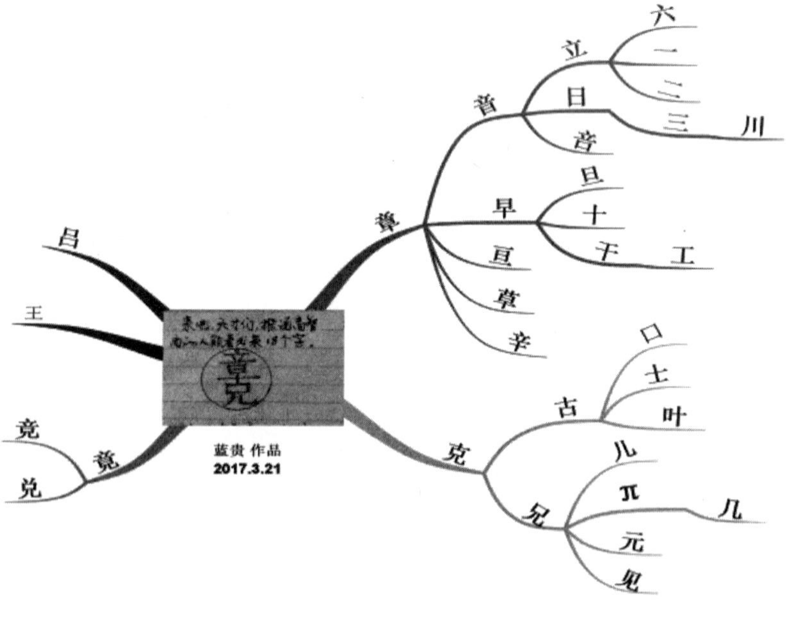

2. 思维导图的单字拓展

小时候我们都进行过组词练习，那么我们尝试以“蛋”字来组词，大家先不用思维导图来帮助组词，用5分钟或10分钟，看看自己能组多少个。

我们在很多场合测试过，5分钟和10分钟的组词数量没有太多的差别，也不会太多。但是，假如换一个思路呢？比如用思维导图来组词。好吧，我们给大家展示一下我们用思维导图来对“蛋”字组词的导图吧，大家可以数一下组了多少个词，是不是觉得眼前一亮呢！

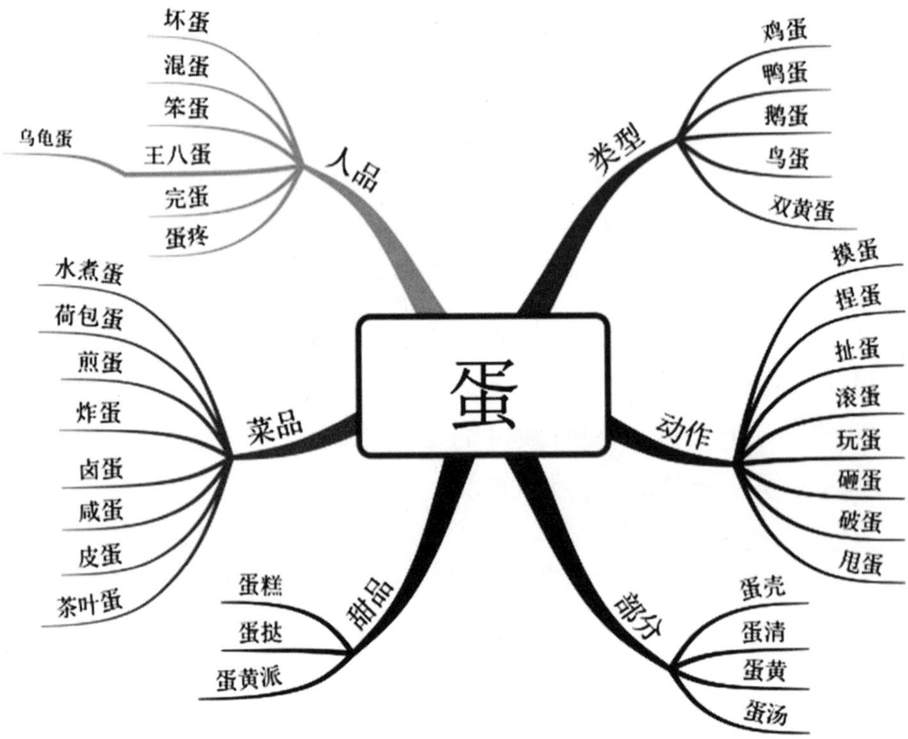

这展示了思维导图不可思议的思维发散能力，而且你练得越多，你的思维越灵活。

下面是具体步骤。

1.先组一词：比如我们先组“鸡蛋”。

2.找活口：活口的意思是可以改动的那个字，“鸡蛋”这个词可以改动的是“鸡”，那么活口就是“鸡”。

3.分类：对“鸡”进行分类，鸡是动物，所以鸡蛋可以按蛋的类型来划分；

4.找同类：找“鸡蛋”的同类，那么我们就很容易想到“鸭蛋”“鹅蛋”“鸟蛋”等。

5.继续拓展：找完同类后重复前4个步骤，比如又组一词“蛋壳”，那么“蛋壳”是蛋的一部分，所以可以按部分来分类。接着又可以按蛋的部分来找其他的部分。就这样，你的思路会很清晰，你就可以找到越来越多的词组。

大家学会单字拓展组词后可以尝试去用其他字组词，特别是小学生组词，如果用上这个方法组词，你们的老师一定会惊讶于你的思维竟然如此开阔。

小结：好了，思维导图的用途远不止于此，可以说几乎是万能的。多多练习使用思维导图吧，你一定会得到巨大的回报。

小知识：记忆的分类

记忆的类型按不同分类有很多很多，一般来讲，有以下几种。

根据记忆生成的原理不同，把记忆分为两大类。

1.形成在大脑的记忆

这种记忆侧重在大脑记忆物质的形成，所以我们姑且把这种记忆叫作**物质记忆**：信息经大脑处理后，生成的记忆物质储存在大脑里面，人生大部分的记忆都以这种方式保存，如语文知识、数学推理和英语语法等。

2.在大脑和身体其他部位并存的记忆

这种记忆虽然侧重在身体部位上的记忆，侧重在一种结构的形成，但是因为这种记忆不仅用到大脑，还用到身体其他部分，所以我们姑且把这种记忆叫作**联合记忆**：信息经大脑处理后，生成的记忆物质一部分储存在大脑里面，另一部分储存在身体其他部分，形成相应的物质或结构。

比如骑自行车，你知道骑自行车的方法，说明我们已经把骑车的信息记忆在大脑了，我们在加以练习之后，想都不想就可以骑车的时候，说明身体的其他部位形成了相应的记忆结构。

再比如说话，我们知道话怎么说就说明我们已经把说话的信息存在大脑了，我们在加以练习之后，可以脱口而出随意说话的时候，就说明我们的嘴巴形成了相应的记忆结构。

联合记忆更持久牢固，如骑自行车，即使在很多年不骑车的情况下，你还是可以很快地熟悉骑车，因为在脑袋里形成了骑自行车的信息，在脚和身体上形成了肌肉记忆。

联合记忆是记忆里面最牢固的记忆，如何打造联合记忆呢？后面的口诀将会给出答案，请继续学习。

第二节　高效复习

通过前面的学习，我们已经可以很轻松地记住几乎任何想记忆的内容，可是大家肯定会发现，就是我们还不能真正做到过目不忘，事实上，目前在脑力界或者记忆界里面也没有发现能对任何内容都过目不忘的高手，甚至对任何内容都很难做到过目不忘。既然不能做到过目不忘，那我们如果想要记得更加牢固，或者一辈子都能记住，那目前唯一的途径就是复习，所以复习是记忆是否足够牢固的重要决定者，因此，复习方法值得我们去深思，去努力训练。接下来，开始学习吧。

1.如何把短期记忆转化成长期记忆？

答：通过有效的复习方法即可把短期记忆转化为长期记忆。

2.巩固记忆的最好方法？

答：通过科学有效的复习。

3.记忆、复习与理解力的关系？

（1）记忆之后需要复习才能长久记忆；记忆好有助于提高理解力。

（2）复习可以加强记忆，复习可以加强理解。

（3）理解力好有助于快速记忆，理解力好可以加速复习。

俗话说重复为学习之母，重复学习就是复习。复习是所有深层记忆的必经之路，任何长期记忆都需要经过复习才能形成。

4.为什么复习能形成长期记忆？

心理学家做过一个实验，两组智力相当的学生学习一段课文，甲组在学习后进行多次复习，乙组不予复习，一天后甲组保持98%，乙组保持56%；一周后甲组保持83%，乙组保持33%。乙组的遗忘平均比甲组高，这说明**复习效率高**。

（1）记忆的本质：从之前的学习中我们知道，记忆的本质是一种物质的生产或结构的形成，要想形成长久的记忆，就要形成稳定的记忆物质或结构。那么如何才能形成稳定的记忆物质或结构呢？答案是要不停地去巩固记忆物质或记忆结构。

（2）记忆的过程：记忆的过程包括接线、维护、再现、再认4个方面，记忆的过程是记忆物质或结构的形成，复习就相当于再次让记忆物质或结构稳固下来，这样，记忆的物质或结构就能长期保持，也就是说记忆物质或结构是长期的，就形成了长期记忆。

（3）复习像走路：记忆的过程就像在草地上第一次走路，第二次和之后的走路就像是复习，走的道路就像是记忆物质或结构。第一次走的时候留下的印迹不是很清晰，随着走的次数多了，草地上自然就形成了一条清晰明显的道路，就会留下长久都能看得见的道路。脑袋里的记忆也有很多类似的道路，那就是记忆的回路，如果有一天了我们能打开超级记忆回路，那么就有可能条条道路都连接起来了，从而真正做到过目不忘。所以我们的记忆和复习就是不断地铺路，铺的路越来越多，越来越宽敞，那么我们终有一天能四通八达，就像打通任督二脉一样，一通百通。所以复习的过程非常重要，大家要好好地研究和实行接下来的复习口诀和攻略。

第八招：高效复习=猛攻（复习）+循环（复习）+意念（复习）

1.猛攻复习

猛攻复习就是在短时间内进行最大量的复习，以达到熟记的状态。猛攻复习可以说是用得最多的复习方法，它融合了记忆法的机械记忆，而不是传统简单的机械式的死记硬背。传统的死记硬背是在没有什么记忆策略之下的不停重复，而猛攻复习讲究的是已经融入记忆法的不停重复；两者有着不同的效果，前者往往是需要更多次数才能记住，而且也痛苦，而后者重复的次数更少，而且是很轻松的重复。猛攻复习只要配合良好的记忆方法就可以快速而牢固地记忆，事实上，猛攻复习是很多记忆表演的基础，每一个长久记忆效果的展示背后都缺少不了猛攻复习的功劳。猛攻复习就像短时间之内不断地在道路行走，以最短时间造出最清晰的道路。猛攻复习最简单的一个例子，比如你已经记忆了一首古诗或课文，然后你就用最短时间比如5分钟来不断地重复背诵，十次百次甚至上千次地重复。

复习内容：钥匙　鹦鹉　球儿　绿屋　山虎

芭蕉　气球　扇儿　妇女　饲料

河流　石山　妇女　扇儿　气球

测试时间一

测试时间二

测试时间三

2.循环复习

循环复习就是按一定的内容或时间为记忆单位进行一次又一次的复习。循环复习是非常讲究复习规律的，如果运用得好，就算不用到专业的记忆法也可以很高效地进行记忆。循环复习可以说是非常公平的一种复习方法，懂不懂专业记忆法都能高效地使用。循环复习就相当于在道路久不久又走一次，毕竟我们没有办法什么记忆道路都能在最短时间都走很多遍，猛攻复习的内容也有遗忘的时候，再牢固的记忆都有可能忘记，所以除了猛攻复习之外还需要循环复习。

复习内容：成语接龙

1.瞒天过海　海底捞月　月明星稀　稀世之宝　宝刀未老

老蚌生珠　珠光宝气　气吞山河　河伯为患　患难与共

共商国是　是非颠倒　倒因为果　果出所料　料敌如神

神兵天将　将遇良才　才德兼备　备尝艰苦　苦不堪言

2.言中无物　物至则反　反败为胜　胜券在握　握蛇骑虎

虎子狼孙　孙庞斗智　智穷才尽　尽力而为　为民除害

害群之马　马首是瞻　瞻前顾后　后悔莫及　及门之士

士穷见节　节俭躬行　行之有效　效颦学步　步步紧逼

3.逼上梁山　山高水远　远涉重洋　洋为中用　用心竭力
力挽狂澜　澜倒波随　随遇而安　安之若命　命若悬丝
丝丝入扣　扣壶长吟　吟风弄月　月落星沉　沉鱼落雁
雁南燕北　北窗高卧　卧薪尝胆　胆战心惊　惊心裂胆

测试时间一

测试时间二

测试时间三

3.意念复习

意念复习就是在大脑里面相信自己的记忆非常好，已经自动完成复习，只要想回忆的时候就一定能回忆起来。意念复习在短期的记忆中有着非常强大的功力，可以帮助我们很有信心地去进行记忆而不用担心记不住。所以意念复习用得好的话会在短记忆中占尽先机，并且在后来的复习巩固中可以做到随时随地都能复习。意念复习是很多过目不忘的基础和利器。

复习内容：100个数字代码

01	02	03	04	05	06	07	08	09	10
铅笔	鸭子	耳朵	红旗	吊钩	手枪	拐杖	葫芦	猫	石头
11	12	13	14	15	16	17	18	19	20
筷子	婴儿	医生	钥匙	鹦鹉	石榴	仪器	腰包	药酒	香烟
21 音	22 义	23 音	24 义	25 音	26 音	27 音	28 音	29 音	30 音
鳄鱼	双胞胎	和尚	闹钟	二胡	河流	耳机	恶霸	恶囚	三轮车
31 音	32 音	33 音	34 音	35 音	36 音	37 音	38 义	39 音	40 音
鲨鱼	扇儿	星星	三丝	山虎	山鹿	山鸡	妇女	山丘	司令
41 音	42 音	43 音	44 音	45 音	46 音	47 音	48 音	49 音	50 音
死鱼	柿儿	石山	蛇	师傅	饲料	司机	石板	湿狗	武林
51 义	52 音	53 音	54	55 音	56 音	57 音	58 音	59 音	60 音
工人	鼓儿	乌纱帽	青年	火车	蜗牛	武器	尾巴	午休	榴莲
61 义	62 音	63 音	64 音	65 音	66 形	67 音	68 音	69 音	70 音
儿童	牛儿	流沙河	律师	绿屋	蝌蚪	油漆	喇叭	绿舟	麒麟
71 音	72 音	73 音	74 音	75 音	76 音	77 音	78 音	79 音	80 音
鸡翼	企鹅	花旗参	骑士	西服	汽油	机器人	青蛙	气球	巴黎
81 音	82 音	83 音	84 音	85 音	86 音	87 音	88 音	89 音	90 音
白蚁	靶儿	巴掌	巴士	宝物	八路	白旗	爸爸	芭蕉	酒瓶

91 音	92 音	93 音	94 音	95 音	96 音	97 音	98 音	99 音	00 形
球衣	球儿	旧伞	首饰	酒壶	旧炉	旧旗	球拍	舅舅	望远镜

测试时间一

测试时间二

测试时间三

遗忘规律和复习策略

一、艾宾浩斯遗忘曲线

德国心理学家艾宾浩斯曾做过这样的试验：找50名大学生测试，把100个无规律测试数字或符号，半小时记录下来，半小时后收上来，不让复习，一小时后，考一次，发现刚刚背完的100个数字符号，绝大部分忘了。忘60个，只记40个。一天以后，再测试，发现仅能记住25个。一月后，再测试，发现仅能记住20个。记忆一小时后，忘得更快。

艾宾浩斯采用无意义音节做记忆材料（无意义音节也就是没有任何实际的代表意义），这样就排除了经验对人的记忆干扰。

艾宾浩斯对这种现象做了系统的研究，绘制出了人记忆的内容随时间变化的一条曲线，我们一般称为艾宾浩斯遗忘曲线，也称记忆曲线。

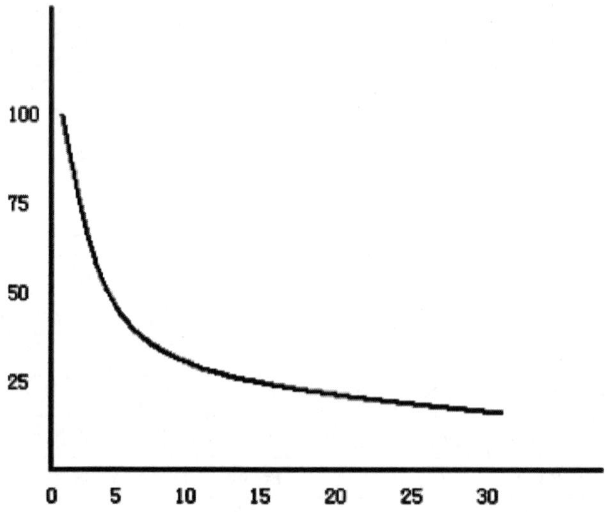

这条曲线的纵坐标代表保持量，横坐标代表时间，曲线表明了遗忘发展的规律：无规律材料的记忆中，遗忘在学习之后立即就开始了，而且遗忘的过程最初发展得很快，以后逐渐缓慢，到了相当的时间，几乎就不再遗忘了，也就是遗忘的发展是“先快后慢”。

观察这条曲线，就会发现，学得的知识在一天之后，如不抓紧时间复习，就只剩下原来的25%。

二、与遗忘有关的几个因素

1.时间

时间越长，遗忘越多。著名生理学家巴甫洛夫的条件反射学说认为大脑初步记入的信息，可能很快便消失了。如果在它消退前及时地复习强化，复习到一定程度，它可以保持更长时间，甚至终生不忘。

策略：在记忆时间结束后要尽快地复习，把刚记忆的内容再复习一遍，争取把那些记忆稳固下来。

2.记忆材料的性质

在艾宾浩斯关于记忆的实验中发现，记住12个无意义音节，平均需要重复16.5次；为记住36个无意义音节，需要重复54次；而记忆六首诗中的480个音节，平均只需要重复8次。这个实验告诉我们，凡是理解了的知识，就能记得迅速、全面而牢固。不然，愣是死记硬背，也是费力不讨好的。

策略：记忆前可以先理解，在无规律内容中找到规律。

3.记忆的程度

一般认为，对材料过度学习之后，也就是在能够背诵之后继续学习能够加深记忆，不易遗忘。

策略：记住之后一定要尽快把所学内容巩固好，巩固到一定程度后就基本不会忘记了，就像我们把九九乘法口诀记得牢固到一定程度即可一辈子不忘（除了得老年痴呆）。

4.识记材料的系列位置

人们发现在会议识记的材料时，处于材料开始和末尾的部分最容易被回忆起来，称为近因效应或首尾效应。

策略：先记忆最重要的内容。

5.态度也是一个因素

人们首先遗忘的是在人们的生活中不占主要地位的、不引起人们兴趣的、不符合一个人需要的事情，而人们需要的、感兴趣的、受情绪作用的事物，则遗忘得较慢。有压力，受关注，记得牢。

策略：记忆重要内容要认真。

三、循环记忆法

在一定的时间间隔内，不断循环复习同一内容，使之牢牢记住。

记忆的研究证明，正确地分配复习时间，这是复习取得效果的重要条件之一。例如：记一首诗，如果一次紧跟一次记忆的话，需要念16次，才能背下来；但如果一天念2次，共念8次就记住。由此得出一条规律：**分散时间复习会提高学习的效率。**

举例：记25个单词，用37分钟，安排如下：

次数	时间	方式	用时
1	早7：00	读	6分钟
2	午睡前	检查	4分钟
3	晚睡前	检查	5分钟
4	次晨	检查	8分钟
5	次晚	检查	4分钟

强调：

复习不是在单词忘了的时候，而是在遗忘还没有开始的时候，就应当进行。一位教育家形象地比喻说："巩固建筑物，而不是修补已经崩塌了的建筑物。"

复习只有在遗忘还没有开始的时候才有效。

小知识：记忆的抑制

记忆的抑制：又叫记忆的干扰。关于遗忘的理论认为，人们在识记材料后产生遗忘，一个重要的原因是前摄抑制、后摄抑制和紧张性抑制的干扰。

1.前摄抑制

先学习或先识记的材料，对回忆后学习或后识记的材料的干扰，称为前摄抑制（或称前摄干扰）。

2.后摄抑制

与前摄抑制相反，它是指后学习或后识记的材料对保持或回忆先学习或先识记的材料的干扰。这种干扰就称为后摄抑制（或后摄干扰）。

解决方法：

（1）把记忆材料的顺序改变，从中间往前或后复习。

（2）减少内容的记忆量。

（3）紧张性抑制：

学生们常有这样的体会，参加考试前有些答案是记熟的，走进考场后，一紧张无论如何也想不起来，交卷出了考场却都能回忆出来，这又是一种抑制，这种抑制是紧张情绪状态给回忆带来的抑制，简称“紧张性抑制”。紧张性抑制在日常生活中常常出现，如在会议上做口头发言之前，想了许多问题，可当他开始发言时常常遗忘一两个问题。

解决方法：

多练。如我们的考大学模拟考试就是克服紧张性抑制的最好方法。

在抑制方面，其实是非常不容易控制，但是有方法可以把这种抑制的作用降到最低，这种方法几乎不受什么一般遗忘规律的影响，所以要想克服遗忘快和容易受到记忆抑制，那么接下来讲的方法就是最大的法宝。

第三节 记忆宫殿

在记忆法的世界里，有这么一种方法——它，可以记忆任何内容；它，是最万能的记忆方法；它，像魔术一样的让你不知不觉中就记住了你要记忆的内容；它，让一天背上千个英语单词有了可能；它，可以让普通人一字不漏地记忆一本书；它，可以让普通人成为超级记忆高手；它，让记忆表演所有的不可能都变成了可能；它，让刚开始学的人最痛苦，也让学会的人最快乐。很多学记忆法的人，记忆力没有得到根本的提高，主要就是因为没有熟练地掌握它，记忆大师们之所以能成为记忆大师就是因为熟练地运用了它。它，究竟是何方神圣？

它，就是具有超级无敌魅力的定位系统！它的口诀是怎么样的呢？它就是以下这条口诀：

第九招：记忆宫殿=定位组+定位组+定位组……

全脑定义：记忆宫殿也叫定位系统，定位系统是由很多组定位组组成的，定位组越多，定位系统越能发挥它的威力，威力大到让你可以一字不漏地记忆任何一本书。定位组是什么呢？定位组就是一组一组的地点，在定位系统中，我们习惯将30个定位地点归纳为一个定位组。定位组30个地点一组，数量多了不方便记忆，少了不好发挥它的威力，所以习惯上以30个为一组是非常有科学依据和使用习惯的。假如每一个地点可以记一个英语单词，那么一个定位组就可以记住30个英语单词，假如你有10个定位组，那么你就可以很快记住300个英语单词。

一、如何寻找大量定位组

因为记忆宫殿需要大量的定位组，所以我们要学会如何寻找定位组。以下是两张图，是我们寻找的地点组，这是我们给大家分享的完整的一组定位组，我们把它称之为第一组。大家从第一个地点杂物柜一直观察到第三十个地点，看能否从中找到寻找定位组的规律。

通过观察上面这两张图，我们来梳理一下如何寻找地点。

（一）如何寻找大量地点

1.室内绕圈法

第一张图中看出，地点是从最右边开始的，然后基本都是照着右边来绕室内一圈，然后从窗户那里出去到第二张图。

2.室外线路法

到了第二张找地点的思路依然是照着右边走，一直沿着找地点的右边找。

（二）如何寻找有质量的地点

寻找地点的三大原则，可有效解决地点容易产生混乱的情况。

1.熟悉

所寻找的地点最好是自己熟悉的或者可以很快去熟悉的。

2.地点的有序性

寻找地点，其顺序可按顺时针或者逆时针进行，需要注意的是，地点的主方向一致便可。某些地点可以凸出，即偏左、偏右、偏上、偏下等。

3.地点的特征很明显

（1）将地点的特征点找出来后，把需要记忆的信息跟这些特征点联想连结在一起，这样记忆的信息就会很牢固，并且记忆的信息会很清晰，不容易混淆。

（2）地点空间立体感强——地点的角度。

我们生活在一个充满立体感的三维空间里面，所以我们脑海里面的地点也充满立体感时，自然就会加深我们对地点的记忆，要让寻找到的地点充满立体感，很重要的一点，就是地点的角度不一样，特别是出现名字相同的地点时，更需要不同的角度；同时还要注意一点——只要是视觉范围内感受到地点属于同一个平面上，在这个平面上不要选择超过两个以上的地点。

（3）地点距离大小平均：在你视觉范围内或者内视觉范围内，看到或感受到的距离和大小差距不大。

二、使用记忆宫殿的 4 个步骤

1.计算定位点需求量

熟悉所需要记忆的内容，并统计需要用到多少个定位组或多少个定位点。

2.选择定位组

选择所需数量的定位组，这个定位组一定要提前熟悉，每组定位组尽可能在30秒左右能背得出来的，如果定位组不熟悉或记得不清楚的话，那么最好不要用来定位要记忆的内容。

3.放入定点

开始把一个个记忆内容放入定位点,其使用方法在第六招定位口诀那里已经学过了。

4.复习

从第一个定位点开始复习所记忆的内容。

三、记忆宫殿的应用

（一）基础应用：词汇记忆

1.苹果	2.桃子	3.石榴	4.柿子	5.李子
6.栗子	7.香蕉	8.梨	9.凤梨	10.橘子
11.铁蛋	12.河马	13.长颈鹿	14.樱花钩吻鲑	15.吸尘器
16.浴帽	17.西索米	18.手机	19.奶瓶	20.肚兜
21.弹珠	22.爆米花	23.海砂屋	24.丝袜	25.雪茄
26.卫生棉	27.槟榔西施	28.木屐	29.闹钟	30.呼啦圈

看了这30个词汇，我们按照使用记忆宫殿的4个步骤来分析一下。

1.计算需求量

30个词汇一个放一个定位点的话需要30个定位点，如果两个放一个定位点的话需要15个定位点，初学者我们建议一个词汇一个定位点，所以这30个词汇的记忆需要30个定位点，也就是一组定位组。

2.选择定位组

我们选择第一组定位组来记忆这些词汇。

3.放入定点

（1）杂物柜——苹果：想象杂物柜里有很多苹果。

（2）床单——桃子：床单上放了很多桃子。

（3）枕头——石榴：靠着枕头吃石榴。

（4）靠背——柿子：靠背被柿子弄脏了。

（5）墙壁——李子：墙壁上长出李子。

（6）台灯——栗子：在台灯下弄开栗子。

（7）衣柜——香蕉：衣柜放的香蕉熟了。

（8）桌子——梨：在桌子上切梨。

（9）电视机——凤梨：电视机上面种了个凤梨（地菠萝）。

（10）地毯——橘子：在地毯上吃酸橘子。

（11）椅子——铁蛋：椅子上有个铁蛋，坐下去都不坏。

（12）窗户——河马：窗户上有只河马，结果掉下去了。

（13）黄花——长颈鹿：黄花被长颈鹿吃了，结果长颈鹿也变黄了。

（14）红花——樱花钩吻鲑：红花上面有个樱花钩，勾到了只乌龟（吻鲑）

（15）白花丛——吸尘器：白花丛的白花很白，因为经常用吸尘器吸尘。

（16）树干——浴帽：树干上绑着个浴帽，准备给树干洗澡。

（17）小鸟——西索米：小鸟在吃西索米（当作一种大米）。

（18）树叶——手机：树叶当作手机屏幕。

（19）鸟屋——奶瓶：鸟屋里面的有奶瓶，用来喂小鸟的（哈哈）。

（20）圣诞树——肚兜：圣诞树上面竟然挂着圣诞老人的肚兜。

（21）草坪——弹珠：在草坪上玩弹珠。

（22）小狗——爆米花：小狗吃着爆米花。

（23）蓝花——海砂屋：蓝花插到海砂屋上面。

（24）柱子——丝袜：柱子用丝袜包着。

（25）水池——雪茄：在水池洗澡的时候抽雪茄。

（26）白花——卫生棉：白花可以用来做卫生棉吗?

（27）楼梯——槟榔西施：楼梯上坐着个槟榔西施。

（28）花盆——木屐：花盆里面不知道谁的木屐丢在里面。

（29）窗户——闹钟：窗户放了个闹钟，好吵啊。

（30）大门——呼啦圈：在大门口转呼啦圈。

4.复习

初学者建议要复习一两遍甚至多遍，以保证记忆效果。如果影像能力特别强的话，基本看一遍就可以记下30个词汇，试想一下死记硬背是不可能一次就记下那么多个词汇的。学会使用记忆宫殿来记忆词汇，那么我们就可以记更多的内容，比如文段文章等，因为文段文章无非就是词汇和单字组成的。

（二）文章速记应用

1. 难背短文记忆

著名电视主持人谢娜曾经在电视上表演高难度的短文《报花名》，那个脱口而出的精彩表现让在场的其他主持人都很惊讶，现场的观众也是掌声不断。下面我就把《报花名》这个短文分享给大家。

报花名

君子兰，广玉兰，米兰，剑兰，凤尾兰，

白兰花，百合花，茶花，桂花，喇叭花，

长寿花，芍药花，芙蓉花，丁香花，

扶郎花，蔷薇花，桃花，樱花，金钟花。

花中之王牡丹花，花中皇后月季花。

凌波仙子水仙花，月下公主是昙花。

清新淡雅吊兰花，烂漫多彩杜鹃花。

芳香四溢茉莉花，金钟倒挂灯笼花。

一花先开的金盏花，二度梅，三莲花。

四季海棠，四季花，五色梅，五彩的花。

六月雪开的是白花，七星花是个大辫花。

八宝花是吉祥的花，九月菊是仲秋花。

月月红、百兰花，千日红本是变色花。

万年青看青不看花。

使用记忆宫殿记忆短文的步骤也是一样。

（1）计算定位点需求量：通过分析上面这个短文需要14个定位点。

（2）选择定位组：因为我们还没有其他更多的定位组，我们还是选择第一组的定位点吧，注意尽量不在同一天使用定位组两次或以上。

（3）放入定点：

1）杂物柜——君子兰，广玉兰，米兰，剑兰，凤尾兰：杂物柜里面有个君子叫广玉的，他吃着米，拿着剑割凤尾。（记得使用关键词来记）

2）床单——白兰花，百合花，茶花，桂花，喇叭花：床单上的白百合喝茶并吹着桂林的喇叭。

3）枕头——长寿花，芍药花，芙蓉花，丁香花：枕头上有长寿的芍药和出水芙蓉，味道很香。

4）靠背——扶郎花，蔷薇花，桃花，樱花，金钟花：在靠背扶着郎君靠墙逃走，碰到樱花上的金钟。

5）墙壁——花中之王牡丹花，花中皇后月季花：墙壁上有大王和皇后。

6）台灯——凌波仙子水仙花，月下公主是昙花：台灯有仙子和公主。

7）衣柜——清新淡雅吊兰花，烂漫多彩杜鹃花：衣柜吊着兰花和杜鹃。

8）桌子——芳香四溢茉莉花，金钟倒挂灯笼花：桌子上有很香的茉莉花和一个灯笼。

9）电视机———花先开的金盏花，二度梅，三莲花：电视机一二三。

10）地毯——四季海棠，四季花，五色梅，五彩的花：地毯四五。

11）椅子——六月雪开的是白花，七星花是个大辫花：椅子六七。

12）窗户——八宝花是吉祥的花，九月菊是仲秋花：窗户八九。

13）黄花——月月红、百兰花，千日红本是变色花：黄花月月红，百千。

14）红花——万年青看青不看花：红花旁边万年青。

（4）复习：从第一个定位点开始复习所记忆的内容。

当大家背出来这个《报花名》后是什么感觉呢？是不是挺棒的？当然前提是大家真正去背它。下面给大家提供一些经常使用记忆宫殿去记忆的内容，比如古诗词、数字等，大家有兴趣可以自己尝试用记忆宫殿去记忆。

练习挑战：

《报菜名》

四干、四鲜、四蜜饯、四冷荤、三个甜碗、四点心。

四干：黑瓜子、白瓜子、核桃蘸子、甜杏仁儿。

四鲜：北山苹果、深州蜜桃、广东荔枝、桂林马蹄。
四蜜饯：青梅、桔饼、圆肉、瓜条。
四冷荤：全羊肝儿、熘蟹腿儿、白斩鸡、炸排骨。
三甜碗：莲子粥、杏仁茶、糖蒸八宝饭。
四点心：芙蓉糕、喇嘛糕、油炸烩子、炸元宵。

蒸羊羔、蒸熊掌、蒸鹿尾儿
烧花鸭、烧雏鸡、烧子鹅
卤猪卤鸭、酱鸡腊肉、松花小肚儿、晾肉香肠儿
什锦苏盘儿
熏鸡白肚儿、清蒸八宝猪、江米酿鸭子
罐儿野鸡、罐儿鹌鹑
卤什锦儿、卤子鹅、山鸡、兔脯、菜蟒、银鱼
清蒸哈什蚂、烩鸭丝、烩鸭腰儿、烩鸭条儿
清拌鸭丝儿、黄心管儿
焖白鳝、焖黄鳝、豆豉鲇鱼、锅烧鲤鱼、锅烧鲇鱼
清蒸甲鱼、抓炒鲤鱼、抓炒对虾
软炸里脊、软炸鸡、什锦套肠儿、麻酥油卷儿、卤煮寒鸦儿
熘鲜蘑、熘鱼脯儿、熘鱼肚儿、熘鱼片儿
醋熘肉片儿
烩三鲜、烩白糕、绘鸽子蛋
炒银丝、烩鳗鱼、炒白虾、炝青蛤
炒面鱼、炝竹笋、芙蓉燕菜
糟鸭、糟熘鱼片、熘蟹肉、炒蟹肉
炒虾仁儿、烩虾仁儿、烩腰花儿、烩海参
锅烧海参、锅烧白菜、炸海耳、炒田鸡
桂花翅子、清蒸翅子、清蒸江瑶柱、糖溜芡仁米
拌鸡丝儿、拌肚丝儿、什锦豆腐、什锦丁儿
糟鸭、糟熘鱼片、熘蟹肉、炒蟹肉

蒸南瓜、酿倭瓜、炒丝瓜、焖冬瓜
焖鸡掌、焖鸭掌、焖笋、呛茭白、茄干晒卤肉
鸭羹、蟹肉羹、三鲜苜蓿汤
红丸子、白丸子、熘丸子、炸丸子
南煎丸子、苜蓿丸子、三鲜丸子、四喜丸子
饹炸丸子、豆腐丸子、鲜虾丸子、鱼脯丸子、氽丸子
一品肉、樱桃肉、马牙肉、红焖肉、黄焖肉、坛子肉
稃肉、扣肉、松肉、罐肉儿、烧肉、烤肉、大肉白肉、酱禄肉
红肘子、白肘子、水晶肘子、蜜腊肘子、酱豆腐肘子
炖羊肉、酱羊肉、烧羊肉、烤羊肉、五香羊肉、爆羊肉
氽三样儿、爆三样儿
烩银丝、烩散蛋、油焖杂碎、三鲜鱼翅、栗子鸡
尖氽活鲤鱼、板鸭、筒子鸡

2. 长篇古诗词记忆

白雪歌送武判官归京

唐·岑参

北风卷地白草折，胡天八月即飞雪。
忽如一夜春风来，千树万树梨花开。
散入珠帘湿罗幕，狐裘不暖锦衾薄。
将军角弓不得控，都护铁衣冷难着。
瀚海阑干百丈冰，愁云惨淡万里凝。
中军置酒饮归客，胡琴琵琶与羌笛。
纷纷暮雪下辕门，风掣红旗冻不翻。
轮台东门送君去，去时雪满天山路。
山回路转不见君，雪上空留马行处。

实战分析：

（1）计算定位点需求量：通过分析上面这个短文需要9个定位点。

（2）选择定位组：可以选择身体定位。

（3）放入定点：只定开头词语即可。

1）头发：北风卷地白草折，胡天八月即飞雪。——头发被北风吹了。

2）眼睛：忽如一夜春风来，千树万树梨花开。——眼睛忽然看到很多花。

3）鼻子：散入珠帘湿罗幕，狐裘不暖锦衾薄。——鼻子闻到散入珠帘的香气。

4）嘴巴：将军角弓不得控，都护铁衣冷难着。——嘴巴是将军的。

5）脖子：瀚海阑干百丈冰，愁云惨淡万里凝。——脖子泡了海水很冰。

6）前胸：中军置酒饮归客，胡琴琵琶与羌笛。——拍拍前胸就去中军帐下喝酒。

7）后背：纷纷暮雪下辕门，风掣红旗冻不翻。——后背很冷原来是有雪。

8）手：轮台东门送君去，去时雪满天山路。——招手送别东门的人。

9）腿：山回路转不见君，雪上空留马行处。——腿脚不利索，还走山路。

（4）复习：从第一个定位点开始复习所记忆的内容。

练习挑战：

蜀道难

李白

噫吁戏，危乎高哉！蜀道之难，难于上青天。蚕丛及鱼凫，开国何茫然。尔来四万八千岁，不与秦塞通人烟。西当太白有鸟道，可以横绝峨眉巅。地崩山摧壮士死，然后天梯石栈方钩连。上有六龙回日之高标，下有冲波逆折之回川。黄鹤之飞尚不得，猿猱欲度愁攀援。青泥何盘盘，百步九折萦岩峦。扪参历井仰胁息，以手抚膺坐长叹！

问君西游何时还？畏途巉岩不可攀。但见悲鸟号古木，雄飞雌从绕林间。又闻子规啼夜月，愁空山。蜀道之难，难于上青天，使人听此凋朱颜！连峰去天不盈尺，枯松倒挂倚绝壁。飞湍瀑流争喧豗，砯崖转石万壑雷。其险也如此，嗟尔远道之人胡为乎来哉！

剑阁峥嵘而崔嵬，一夫当关，万夫莫开。所守或匪亲，化为狼与豺。朝避猛虎，夕避长蛇，磨牙吮血，杀人如麻。锦城虽云乐，不如早还家。蜀道之难，难于上青天，侧身西望长咨嗟！

（三）最强大脑挑战

1. 数字记忆

93150279185248597806311712810654　39831534815559864346317765098635

93旧伞　15鹦鹉　02鸭子　79气球　18腰包　52鼓儿　48石板　59午休

78青蛙　06手枪　31鲨鱼　17仪器　12婴儿　81白蚁　06手枪　54青年

39山丘　83巴掌　15鹦鹉　34三丝　81白蚁　55火车　59午休　86八路

43石山　46饲料　31鲨鱼　77机器人　65绿屋　09猫　86八路　35山虎

在最强大脑中有数字记忆挑战，在各级记忆比赛中，数字记忆是必考的一个项目。下面给大家示范一下记忆宫殿如何记忆数字。

我们选择的地点依然是第一组，4个数字放在一个地点上。

1杂物柜——93旧伞　15鹦鹉：旧伞把鹦鹉压在杂物柜上。

2床单——02鸭子　79气球：鸭子拿着气球坐在床单上。

3枕头——18腰包　52鼓儿：腰包拿出个小鼓儿放在枕头上。

4靠背——48石板　59午休：靠着石板午休得有靠背。

5墙壁——78青蛙　06手枪：青蛙拿手枪射墙壁。

6台灯——31鲨鱼　17仪器：鲨鱼咬着仪器放在仪器上面。

7衣柜——12婴儿　81白蚁：婴儿抓着白蚁放进衣柜。

8桌子——06手枪　54青年：你拿着手枪把青年按到桌子上。

9电视机——39香蕉　83巴掌：香蕉放在巴掌上，吃不完就放电视机那里。

10地毯——15鹦鹉　34三丝：鹦鹉咬着三丝放在地毯上。

11椅子——81白蚁　55火车：白蚁乘的火车开到椅子上面。

12窗户——59午休　86八路：午休的八路靠着窗户。

13黄花——43石山　46饲料：从石山上拿下饲料撒给黄花。

14红花——31鲨鱼　77机器人：鲨鱼咬着机器人，机器人口吐红花。

15白花丛——65绿屋　09猫：绿屋里面有猫跑到白花丛里。

16树干——86八路　35山虎：八路骑着山虎爬上树干。

大家记忆完之后要马上进行复习，如果还记不住就多看几遍。

2. 扑克记忆

扑克记忆也是记忆大赛的必考项目，其中一个规则就是用最短的时间把一副顺序被打乱的扑克牌记住。这个项目可以说是记忆比赛的“百米赛跑”，世界纪录从原来的3分多钟到现在的20秒内，真的是精彩无比。那么问题来了，扑克记忆用的是什么方法呢？告诉大家，记忆大赛的选手无一不是使用了记忆宫殿的方法，所以只要你活学活用记忆宫殿，你就会发现你也能够达到世界水平，甚至打破世界纪录。

扑克的记忆首先是编码，对每张扑克牌进行编码，转换为具体的数字，再把数字转为数字代码。编码如下：

扑克编码表

扑克	编码	扑克	编码	扑克	编码	扑克	编码
黑桃 10	10	红桃 10	20	梅花 10	30	方片 10	40
黑桃 A	11	红桃 A	21	梅花 A	31	方片 A	41
黑桃 2	12	红桃 2	22	梅花 2	32	方片 2	42
黑桃 3	13	红桃 3	23	梅花 3	33	方片 3	43
黑桃 4	14	红桃 4	24	梅花 4	34	方片 4	44
黑桃 5	15	红桃 5	25	梅花 5	35	方片 5	45
黑桃 6	16	红桃 6	26	梅花 6	36	方片 6	46
黑桃 7	17	红桃 7	27	梅花 7	37	方片 7	47
黑桃 8	18	红桃 8	28	梅花 8	38	方片 8	48
黑桃 9	19	红桃 9	29	梅花 9	39	方片 9	49
黑桃 J	51	红桃 J	52	梅花 J	53	方片 J	54
黑桃 Q	61	红桃 Q	62	梅花 Q	63	方片 Q	64
黑桃 K	71	红桃 K	72	梅花 K	73	方片 K	74

扑克编码原理：

（1）数字牌编码：用数字编码来代替。规则为：黑桃代表十位数的1（黑桃的下半部分像“1”），红桃代表十位数的2（红桃的上半部分是2个半圆的弧形），草花代表十位数的3（草花由3个半圆组成），方片代表十位数的4（方片有4个尖角）。例如黑桃1代表11，黑桃2代表12；红桃1代表21，红桃2代表22，草花3代表33，方片4代表44，依此类推。对于数字为10的牌，可当作

0，即黑桃10代表10，红桃10代表20，草花10代表30，方片10代表40。

（2）人物牌编码：J代表5，黑桃为1，红桃为2，梅花为3，方片为4，所以黑桃J转为51，红桃J转为52，以此类推；Q代表6，黑桃为1，红桃为2，梅花为3，方片为4，所以黑桃Q转为61，红桃Q转为62，以此类推；K代表7，黑桃为1，红桃为2，梅花为3，方片为4，所以黑桃K转为71，红桃K转为72，以此类推。

扑克牌的顺序：

梅花 9	红桃 Q	梅花 4	方片 5	红桃 6	黑桃 10	黑桃 7	方片 7
梅花 K	黑桃 2	黑桃 5	黑桃 3	梅花 5	黑桃 Q	方片 K	红桃 10
黑桃 8	红桃 5	黑桃 A	方片 Q	红桃 K	梅花 10	红桃 7	方片 3
黑桃 6	方片 A	梅花 7	梅花 6	红桃 A	方片 6	梅花 Q	方片 2
梅花 2	黑桃 J	方片 4	黑桃 K	梅花 J	梅花 8	红桃 3	红桃 2
红桃 J	梅花 3	方片 8	红桃 8	红桃 9	方片 10	红桃 4	方片 J
方片 9	梅花 A	黑桃 4	黑桃 9				

实战分析：

如果没有经过训练，只是单纯地想记住一副扑克的顺序，那么我建议大家用数字定位法，现在给大家示范。

01铅笔——梅花9（39香蕉）：铅笔插在香蕉上。

02鸭子——红桃Q（62牛儿）：鸭子咬牛儿。

03耳朵——梅花4（34三丝）：耳朵绑着三丝。

04红旗——方片5（45师傅）：红旗给师傅举着。

05吊钩——红桃6（26河流）：吊钩丢进河流。

06手枪——黑桃10（10石头）：手枪打中石头。

07拐杖——黑桃7（17仪器）：拐杖敲打仪器。

08葫芦——方片7（47司机）：葫芦砸到司机。

09猫——梅花K（73花旗参）：猫吃花旗参。

10石头——黑桃2（12婴儿）：石头送婴儿。

11筷子——黑桃5（15鹦鹉）：筷子夹着鹦鹉。

12婴儿——黑桃3（13医生）：婴儿看医生。

13医生——梅花5（35山虎）：医生骑着山虎。

14钥匙——黑桃Q（61儿童）：钥匙给儿童。

15鹦鹉——方片K（74骑士）：鹦鹉抓骑士。

16石榴——红桃10（20香烟）：石榴砸香烟。

17仪器——黑桃8（18腰包）：仪器装进腰包。

18腰包——红桃5（25二胡）：腰包挂在二胡上。

19药酒——黑桃A（11筷子）：药酒泡筷子。

20香烟——方片Q（64律师）：香烟给律师抽着。

21鳄鱼——红桃K（74骑士）：鳄鱼咬着骑士。

22双胞胎——梅花10（30三轮车）：双胞胎骑着自行车。

23和尚——红桃7（27耳机）：和尚戴着耳机。

24闹钟——方片3（43石山）：闹钟带动石山。

25二胡——黑桃6（16石榴）：二胡砸石榴。

26河流——方片A（41死鱼）：河流有死鱼。

27耳机——梅花7（37山鸡）：耳机给山鸡戴着。

28恶霸——梅花6（36山鹿）：恶霸傻山鹿。

29饿囚——红桃A（21鳄鱼）：饿囚抓鳄鱼。

30三轮车——方片6（46饲料）：三轮车拉着饲料走。

31鲨鱼——梅花Q（63流沙河）：鲨鱼跑到流沙河。

32扇儿——方片2（42柿儿）：扇儿扇走柿子。

33星星——梅花2（32扇儿）：星星印在扇儿上。

34三丝——黑桃J（51工人）：三丝绑着工人。

35山虎——方片4（44蛇）：山虎抓蛇。

36山鹿——黑桃K（71机翼）：山鹿撞到机翼。

37山鸡——梅花J（53乌纱帽）：山鸡戴着乌纱帽。

38妇女——梅花8（38妇女）：妇女和妇女。

39香蕉——红桃3（23和尚）：香蕉送给和尚。

40司令——红桃2（22双胞胎）：司令抱着双胞胎。

41死鱼——红桃J（52鼓儿）：死鱼放在鼓儿上，谁也不敢敲。

42柿儿——梅花3（33星星）：柿子喂给星星吃。

43石山——方片8（48石板）：石山上有很多石板。

44蛇——红桃8（28恶霸）：蛇咬了恶霸。

45师傅——红桃9（29饿囚）：师傅打饿囚。

46饲料——方片10（40司令）：司令喂给司令吃。

47司机——红桃4（24闹钟）：司机拿着闹钟。

48石板——方片J（54青年）：石板砸青年。

49湿狗——方片9（49湿狗）：湿狗咬湿狗。

50武林——梅花A（31鲨鱼）：武林高手斗鲨鱼。

51工人——黑桃4（14钥匙）：工人拿着钥匙。

52鼓儿——黑桃9（19药酒）：敲着鼓儿喝药酒。

建议：

（1）把扑克编码熟悉到可以2秒内反应出来；

（2）如果觉得记忆辛苦，可以先记忆一半或13张；

（3）多复习几遍，第一次完整记忆一副扑克牌不容易。

（4）相信自己一定行的，我以前自学记忆扑克牌花了一周才记住一副呢。

额外奉送：

（1）如何用地点。

把所记忆内容和地点进行想象出一个场景即可。想象过程中需要注意的有以下几点：

第一，要相信世界上任何两件事都有联系。

第二，要有趋势性动作——动态的事物更能吸引我们的眼球和大脑。

第三，想象的故事要简洁有效，不需要太完美。

（2）如何处理相似的地点。

可以找到地点不同的特征点。比如同样是课桌，可以第一次找桌子中间的桌面，第二次找桌子的一个角，第三次找桌子脚，第四次还可以在大脑中想象桌子翻过来了，我们找它上面的横杆或者翻起来的桌子脚。

（3）能否重复用地点。

作为快速记忆练习或者比赛项目记忆，地点一天可以用一次，长时间记忆的项目可以三四天一用；作为应用型的长久记忆，地点建议在已经熟记之前所记内容后再拿来记忆其他信息。

（4）漏用地点或者增加地点怎么办。

在回忆信息的时候发现漏用了地点或者增加了地点，也不必焦急，因为在回忆过程中，你还是按照实际记忆了信息的地点一一把已经记住的信息回忆出来的。

（5）假如100个地点是由几个不同的区域所组成的，这样对于地点的顺序记忆会有问题吗？这不会有问题，区域之间的顺序很容易区分。

（6）一组地点有30个，如果前10个地点是第一个区域而后20个地点是第二个区域的，这样可以吗？可以，只要区域之间的顺序记住就没问题。

请找到10组地点备用，第一组就用我们提供的，前4个我们填写了，大家填其他的。

第一组地点——杂物柜

1	2	3	4	5	6	7	8	9	10
杂物柜	床单	枕头	靠背						
11	12	13	14	15	16	17	18	19	20
21	22	23	24	25	26	27	28	29	30

第二组地点——

1	2	3	4	5	6	7	8	9	10
11	12	13	14	15	16	17	18	19	20
21	22	23	24	25	26	27	28	29	30

第三组地点——

1	2	3	4	5	6	7	8	9	10
11	12	13	14	15	16	17	18	19	20

21	22	23	24	25	26	27	28	29	30

第四组地点——

1	2	3	4	5	6	7	8	9	10
11	12	13	14	15	16	17	18	19	20
21	22	23	24	25	26	27	28	29	30

第五组地点——

1	2	3	4	5	6	7	8	9	10
11	12	13	14	15	16	17	18	19	20
21	22	23	24	25	26	27	28	29	30

第六组地点——

1	2	3	4	5	6	7	8	9	10
11	12	13	14	15	16	17	18	19	20
21	22	23	24	25	26	27	28	29	30

第七组地点——

1	2	3	4	5	6	7	8	9	10
11	12	13	14	15	16	17	18	19	20
21	22	23	24	25	26	27	28	29	30

第八组地点——

1	2	3	4	5	6	7	8	9	10
11	12	13	14	15	16	17	18	19	20
21	22	23	24	25	26	27	28	29	30

第九组地点——

1	2	3	4	5	6	7	8	9	10
11	12	13	14	15	16	17	18	19	20
21	22	23	24	25	26	27	28	29	30

第十组地点——

1	2	3	4	5	6	7	8	9	10
11	12	13	14	15	16	17	18	19	20
21	22	23	24	25	26	27	28	29	30

小知识：学习的五种阶段

任何学习都需要经过的5个阶段：

1. 困难

（1）万事开头难。

（2）觉得用起来有时候还有点困难。

2.容易

（1）用起来觉得简单多了。

（2）很轻松。

3. 习惯

（1）已经习惯了这种记忆方法。

（2）慢慢形成运用记忆法的习惯。

4. 自然

（1）自然而然地运用记忆法。

（2）用起来觉得很自然。

5. 快乐

（1）用起记忆法来觉得很快乐。

（2）很快乐地去使用记忆法。

小结：5个阶段不是完全按顺序的，也没有固定的出现时间，因人而异，有时候也会交叉着出现的，比如我们有人可能在第一个感觉的时候就止步不前了；也有可能是体验了最后一个感觉之后又回到第一个感觉；也可能一开始就进入第二个阶段，觉得学习起来很容易。所以学习记忆法的感觉很微妙，值得体会一番。

第五章 记忆的最高境界

记忆的境界可以达到多高呢？最高境界我们姑且把它称为无我境界。什么叫无我境界呢？无我境界就是普通人无法看到我们使用记忆技巧而我们却能够做到过目不忘，并且又能够以一流的口才或者艺术表演般的状态把所记忆内容潇洒地展示出来的境界。这种境界表现出了随心所欲快速记忆任何内容的那种潇洒，也表现出了那种有了记忆就能改变命运甚至改变世界的霸气。如果我们要达到这种境界，首先就要做到可以记忆任何内容，而且过目不忘，然后是脱口而出。接下来，就从万能记忆口诀开始吧。

第一节　万能记忆

通过本书前面的学习，相信大家已经强烈地感受到了全脑口诀的魅力，特别是在记忆力的应用上更是无与伦比的。但一门技术的最高价值是不断追求上进。在前面的学习基础上，我相信大家学习万能记忆不会太难。而如果大家能够掌握好万能记忆，那么大家在本书上花费的时间和金钱就完全有了超值回报。

万能记忆=熟悉+转换+连接+复习

万能记忆的4个步骤是先对内容进行熟悉，然后是转换为影像或场景等容易记忆的内容，接着是进行内容之间的连接，最后要想达到长久记忆还需要不断进行复习。比如对于一堆无规律的数字，第一步我们要对数字很熟悉，然后进行第二个步骤“转换”，把数字转换为数字代码，第三步是把数字代码按故事画面或连锁影像等方法连接起来，第四个步骤我们根据需要复习，就能够把这些数字记忆下来了。下面大家来挑战一下记忆圆周率小数点后的30位：

3.141592653589793238462643383279。

如何使用万能记忆来快速记住它们呢？

1.熟悉

读几遍这30几个数字。

2.转换

按两个数字两个数字来转换，把数字转换为具体的文字，然后再把文字转换为影像来连接。具体转换如下：

14钥匙　15鹦鹉　92球儿　65绿屋　35山虎

89芭蕉　79气球　32扇儿　38妇女　46饲料

26河流　43石山　38妇女　32扇儿　79气球

3.连接

故事可以这样编：钥匙打开鹦鹉的翅膀，鹦鹉玩球儿，球儿砸到了绿屋，绿屋里跑出一头山虎，山虎吃芭蕉，芭蕉砸破气球，气球绑在扇儿上，扇儿扇妇女，妇女吃饲料，饲料撒到河流里，河流冲倒石山，石山压到妇女，妇女这次拿扇儿扇飞气球。看到这个故事大家是不是觉得很熟悉呢？是的，这就是故事画面那一招里讲过的，所以故事很容易记住了。

4.复习

根据上面的故事复习一下，然后尝试还原故事为数字，那样就可以把这些数字记住了。是不是觉得很简单呢？为了让大家对万能记忆有个更加全面的了解，我们把万能记忆的4个步骤再详细介绍一下。

熟悉

快速记住任何内容的前提是你对所记忆的内容很熟悉，否则是难以做到的。比如我们记忆选手在面对数字和扑克记忆的时候，速度可以快到不可思议，甚至达到过目不忘的程度，但是如果拿一大段不认识的外国文字来记忆就会很慢，甚至难以进行记忆，所以速记的前提是熟悉。那么如何能够快速地熟悉所需要记忆的内容，有没有一些比较好的方法呢？答案是有的。下面是一些比较常用的方法。

（一）多看

有些学生跟我们抱怨说书本内容记不住，后来我们发现他们连书都没有看过几次，甚至有的只是翻翻，根本没有用心去看，这种情况下怎么可能记住呢。要想记得好，首先还是多看几遍书。多看可以让我们更快地熟悉，比如陌生人，如果你多看他们几遍，那么你就更容易记住他们的样貌；又如书本的内容，你多看几遍你就更容易记住里面的内容。一般来说，在一部电影里面，主角往往看起来都比较顺眼，那就是因为主角出现的次数比较多。多看可以培养好感，像你喜欢的明星一样，你看的次数越多你就越觉得这个明星很熟悉，甚至很亲切，如果你能够多看几遍你觉得不好学习的内容，你就会发现其实它们没有那么面目可憎，甚至还蛮可爱。我之所以能够在一天之内《孙子兵法》是因为在背诵之前看了很多遍，看得多了，里面的内容就很熟悉。

（二）多读

你会发现，有些内容无论怎么看都不熟悉，比如文言文和一些长一点的古诗词。这应该怎么办呢？我们可以通过多读来帮助记忆。对于一篇古诗词或短一点的课文，你会发现，可能不用任何记忆法，只要多读几遍或十几遍，在尝试背诵时就能够背得很好。所以要想熟悉得更快，就要多读所记忆的内容，特别是逻辑不怎么清晰或比较拗口的内容。

（三）多听

多听在学习语言方面显得特别重要，就像英语，如果你在英语国家生活，每天都听别人说大量英语，那么就算你不怎么用心去学习它，但是你会发现时间一长，你也会说一口流利的英语，这就是多听的威力。在学习中，我们也是一样的，经常听到的内容你很容易熟悉，就像被卷入传销的人员一样，刚开始可能连话都不敢当众说，就是说也谈不上滔滔不绝，但是天天听传销的领导讲多了，他们自然而然也能够滔滔不绝地说话帮别人洗脑。因此我们在学习的时候，特别是学习语言，要多听。

（四）多写

有些内容要想更快熟悉，多写会比较有效果，尤其是比较倾向于动作记忆的人。哪些内容多写会比较有效果呢？一般来说零散的知识点和少量内容的记忆，比如语文的生字和词组，还有英语里面的英语单词，一定是写得越多越熟悉。

（五）多练

有些内容需要多练才能更快熟悉，比如舞蹈学习和武术学习等属于肢体动作类的内容，还有我们常说的古诗词和歌词等，都是要多练才能更熟悉的。记忆法用得好的话，一首歌你往往只需听几遍就能完全背下歌词。

转换

简单来说就是转换出影像或场景。为什么任何快速记忆都离不开影像或者影像思考呢？这是因为，一方面我们用大脑记忆的时候，左右脑是分工合作的，左脑主要管理解和逻辑，而右脑主管想象和影像；另一方面右脑的记忆能力是左脑的一万倍以上，所以好的记忆力都是能够积极调动右脑来辅助记忆的，所以快速记忆离不开影像。那么如何快速把要记忆的内容转换成影像呢？我们在“升级大脑”板块已经学习过，下面再呈现一下这些方法和技巧。

（一）影像思考

通过前面的学习，我们知道转换影像要用到影像思考这一招，我们再简单回顾一下。

1. 左脑理解

事实证明，如果一样事物我们不知道它是什么，就无法将它和记忆挂钩，比如一堆不认识的文字摆在我们面前，我们并不知道它们是什么字，就很难对它们进行快速记忆。所以我们要先知道记忆的内容是什么，然后才能够把它们描述出来，才能更好地转换为影像。比如“葡萄”二字，假如我们不知道葡萄长什么样子，我们就不知道怎么把这两个字转为影像。

2. 右脑想象

事实上，我们需要记忆的内容有很多都是我们不能理解却需要记忆的，或者是理解后也不知道对应影像是什么的，这个时候怎么办呢？——使用右脑想象，通过声音想象、形状想象、意思想象和其他想象来转换影像。这里不再详述，大家可以回顾一下“右脑想象”板块的内容。

（二）5个文字转换为影像的小技巧

1.谐音：皮古达——屁股大。

2.加减字：科学——科学家； 扑热——扑克很热；人家——老人家；包围——包。

3.倒序：诸位——位诸——喂猪。

4.替换：故乡——家人包围——围巾。

5.望文生义：比如“生义”联想为“生活的意义”。

连接

连接是快速记忆环节中非常重要的一步，就是把各个记忆信息连接起来，特别是转换出来的影像。其实记忆术的本质就是连接术，连接的形式有一对一，也有一对多，所以连接的方法可以使用配对联想、故事画面、连锁影像和定位场景等招数。

复习

凡是长久记忆均需要进行复习，复习的方法已介绍过，主要就是猛攻复习、循环复习和意念复习。具体可以翻看“高效复习”板块。

挑战1：运用万能记忆来记忆圆周率小数点后的第31到60位。502884197169399375105820974944

提示：武林　恶霸　巴士　衣钩　鸡翼　绿舟　山丘　旧伞　西服　棒球　尾巴　香烟　旧旗　湿狗　蛇蛇

挑战2：运用万能记忆来记忆这段文字，记得转换为画面哦。

午后一点左右，从远处传来隆隆的响声，好像闷雷滚动。顿时人声鼎沸，有人告诉我们，潮来了！我们踮着脚往东望去，江面还是风平浪静，看不出有什么变化。过了一会儿，响声越来越大，只见东边水天相接的地方出现了一条白线，人群又沸腾起来。

那条白线很快地向我们移来，逐渐拉长，变粗，横贯江面，再近些，只见白浪翻滚，形成一道两丈多高的水墙。浪潮越来越近，犹如千万匹白色战马齐头并进，浩浩荡荡地飞奔而来；那声音如同山崩地裂，好像大地都被震得颤动起来。

第二节　过目不忘

这一口诀的学习可以说是最让人兴奋的，也是最难挑战的：兴奋是因为它的威力实在太大了，最难挑战是因为这一技术不容易掌握，而且掌握后也不一定能时刻充分地、彻底地运用。因为我也不是随时随地能做到一目十行、过目不忘，技术不是百分之百的成熟，还请读者原谅我们这一口诀讲述得不是特别详细，但是只要读者们仔细阅读和学习本口诀，还是会有非常大的收获的。

第十二招：过目不忘=快速阅读+记忆训练+心力训练

快速阅读

快速阅读这几年得到了飞速发展，以前很多的“神话”得到了验证，据传真正的速读速度可以达到每分钟1万字，甚至更多。但是我们目前没有专门研究过快速阅读，只是初步了解和学习过。这不是我们的专长，在此就简单提一下，有兴趣的同学可以去查找相关资料来学习，或者到专业速读机构去学习。

记忆训练

可以说99.99%的记忆高手都是经过记忆训练培养出来的，包括《最强大脑》等电视节目中的大部分选手。本书主要的目的之一就是进行记忆力的训练。只要照着本书所描述的方法去训练，你的记忆力一定能得到非常大的改善，甚至成为记忆领域的佼佼者，成为世界记忆大师和世界记忆冠军。欲知更多记忆提高的技巧，敬请期待我们技术的更新。

心力训练

心力重要到什么程度呢？可以说心力是决定了高手之间对决谁胜谁负的第一关键因素，因为大家的技术都不会有太大的差别。

经过心力训练既可以释放自己的激情，又可以调控自己心静如水。心力训练主要包括三方面：第一是兴趣心力的训练，第二是意志心力的训练，第三是心静如水的心力训练。兴趣可以让我们更快地入门，获得更高的学习效率，意志力可以让我们走得更远、更长久，心静如水是为了进入无人境界之后还能找回自己。

心力训练内容非常多，前面也描述过一些，因此在这里就简单介绍到此。

小结：过目不忘训练的关键在于培养只进行一次记忆就能够百分百回忆的能力。这在记忆训练领域叫作零错误记忆训练，也叫一遍过的能力。所有真正的顶尖高手都会训练这一能力，这种能力越强大，越能在比赛中胜出。如果想过目不忘，那就多训练这种能力吧。

练习挑战：

1.美女　马路　垃圾桶　椅子　爬树　马蜂　肥仔　草坪　池塘　棍子
2.石头　毛笔　水泥　鼠标　树林　钓鱼　打架　火锅　唱歌　喝酒
3.吃饭　麻烦　跑步　哑铃　楼梯　打球　宿舍　馒头　榕树　桌子
4.床单　李白　地面　月亮　船头　大笑　衣服　跳舞　活动　铁头功
5.国防　热情　跳河　逛街　失败　头痛　货币　单词　发呆　大喊大叫

小知识：记忆的分类之二

根据记忆形成的效果不同，也把记忆分为两大类。

第一，不可以或者很难用口头表达出来的记忆叫作**非陈述性记忆**。

记忆最多的是非陈述性记忆，因为人记住的内容非常多，而能陈述出来的非常少，就像一个科学家懂得非常多，却不见得是一个很好的讲师。比如我国大数学家陈景润，他的数学研究水平很高，在国际上有极高的声誉，但他是一个说话不多、表达能力不是很好的老师。陈述性记忆不好，就是那种有苦难言，说不出来的感觉。所以说，人才不一定有口才，有口才就一定是人才。我们的读者想成为人才的话，最快的办法就是拥有好的口才。如何才能拥有好的口才呢？接下来就会说到。

第二，可以用口头表达出来的记忆叫作**陈述性记忆**。

陈述性记忆可以让我们拥有不可思议的表达能力，更进一步地让我们拥有不可估量的前途。未来的科学人才已经不再是单纯研究科学的人才，而是拥有卓越表现力和卓越口才的科学家。

要想拥有一流的表现力和卓越口才，陈述性记忆是不可或缺的，一句话就是你要肚里有墨水才能吐出来，要不然口才只是凭空而言罢了，因此积累大量陈述性记忆就成了我们拥有卓越口才的基本功。这基本功的第一步就是要把我们的研究成果转为陈述性记忆。第二步我们要积累的是一些经常用到的知识。什么是经常用到的知识呢？这就要结合各自的生活环境了，不是每个人都一样的。但是呢，有些知识还真是大家都应该掌握的，比如简单的天文地理知识，简单的数理化知识，简单的生活知识，等等。我们评价一个人博学多才时怎么形容呢？是不是说上知天文下知地理？是不是说博古通今呢？是不是阅人无数呢？所以，常见的天文地理、古今发展历史和各种名人名言的知识是最基本的。那么还有其他的吗？当然，还有很多，不过本书不是专门教大家如何拥有一流口才的，所以点到即止，我们接着往下学习更高深的全脑口诀方法。

第三节　脱口而出

一流的口才是很多人梦寐以求的，谁都希望自己能拥有超级口才，非常渴望自己能面对很多观众自信满满，侃侃而谈，出口成章。要想拥有一流口才，说白了，就是内容加表达的过程。一流的口才最初是讲话内容的积累，有了积累之后再加上思维方面的独特视角，将内容以一种极具表现力的方式呈现出来。内容的积累简单来说就是有选择性地记忆和理解大量相关内容，而表达方面，我们第十三口诀目前的主要方向是在内容的脱口而出方面进行讲解。下面我们就来一起学习。

脱口而出的好处

（一）学习语言的利器

著名的疯狂英语就是最佳的例子，疯狂英语提倡通过脱口而出大量英语来攻克口语、考试和翻译等难关。有不少英语教授都赞同背诵是学习英语最好的方法之一，你不妨也多背些英语课文和英语作文来提高英语成绩。

（二）形成长久记忆

比如乘法口诀表，一旦我们可以脱口而出了，那就几乎是忘不了的，一辈子都能记住。同样的道理，如果你能够把一门语言脱口而出，那么你就算多年不学它，一样还能记住，而且可以轻轻松松地说出来，正如一个人就算去国外生活多少年，回到国内还是会讲原先的语言。

（三）一流口才的坚实基础

凡是拥有超级口才的人都会拥有自己的炫酷段子，又炫又酷是一流口才的一部分，无论是红遍国内多年的谢娜，还是讲相声的名人郭德纲等都有自己酷炫的段子，他们都是口才好的代表。

（四）培养自信心

当你能轻松自如地把学习的内容脱口而出了，作业做得快，考试考得好，别人也会羡慕你的伶牙俐齿。我们曾经在很多场合脱口而出《道德经》《孙子兵法》《弟子规》等文章，得到的掌声都是最热烈的，所激起的自信心也无以言表。其实不仅是高难度的脱口而出《道德经》等，就是脱口而出三十六计也得到了极大的鼓励和肯定。

（五）打通大脑的超级通道

脱口而出地背诵文章或知识等可以打通大脑超级记忆回路，打通大脑记忆的通道，进而打通大脑超级通道使我们能够把所有储存的知识都融会贯通起来。

第十三招：脱口而出=记住+顺畅+秒表+加速

记住：记住是前提，如果记都记不住，那就谈不上脱口而出了，所以记住是放在第一位的。如何更快地记住在此不再讲解，因为前面已经讲了很多。

顺畅：顺畅是加速的关键点，如果不顺畅内容就会显得零碎，不容易形成长久记忆。读的时候读准每个字和词，就更容易形成肌肉记忆而慢慢变得流畅，当然更厉害的方法是利用平时快速朗读的节奏和频率来调整，那样可以更快地顺畅起来。

加速：加速是形成长久记忆的转折点，很多内容之所以不能拿来就表达是因为不够熟悉，而加速就是让我们做到脱口而出的必经环节。

秒表：秒表是加速的催化剂，如果没有秒表，我们就很难知道自己究竟处于什么样的水平，就不能很好地控制我们的进度，就不容易积累成就感，久而久之就很容易放弃。使用秒表是每一个高手的必经之路。

世界上每一项比速度的比赛之所以能够取得进步，能够让运动员在追梦的路上勇敢地前进，使用秒表就是一个方面。如果没有使用计时器来记录，我们很难想象运动员能够日复一日地训练。我们记忆界也是一样，每个高手都有一个秒表甚至多个秒表。很多记忆法学习者之所以放弃，很大程度上就是因为他们没有使用秒表来衡量自己的记忆水平，慢慢就失去了继续学习继续前进的动力。

上面我们已经讲解了脱口而出的4个步骤，下面来实战应用吧。

挑战：请把下面内容做到脱口而出

本书前面出现过的内容“成语接龙60个”

瞒天过海	海底捞月	月明星稀	稀世之宝	宝刀未老
老蚌生珠	珠光宝气	气吞山河	河伯为患	患难与共
共商国是	是非颠倒	倒因为果	果出所料	料敌如神
神兵天将	将遇良才	才德兼备	备尝艰苦	苦不堪言
言中无物	物至则反	反败为胜	胜券在握	握蛇骑虎
虎子狼孙	孙庞斗智	智穷才尽	尽力而为	为民除害
害群之马	马首是瞻	瞻前顾后	后悔莫及	及门之士
士穷见节	节俭躬行	行之有效	效颦学步	步步紧逼
逼上梁山	山高水远	远涉重洋	洋为中用	用心竭力
力挽狂澜	澜倒波随	随遇而安	安之若命	命若悬丝
丝丝入扣	扣壶长吟	吟风弄月	月落星沉	沉鱼落雁
雁南燕北	北窗高卧	卧薪尝胆	胆战心惊	惊心裂胆

这60个成语我相信大家如果好好练习，一定可以全都记住，接着按照脱口而出的方法来把它们练到极速。告诉大家，我们以前的记忆法学习者最快可以在36秒背完哦，希望你也能挑战，我们也等着你来挑战，加油。

人类意识的两种形态

（一）显意识

凡是我们能感知的记忆基本都属于显意识的范畴，也就是说还需要我们用大脑去思考的都是显意识的作用。感谢不可思议的显意识，它让我们有了基本的判断能力，有了基本的学习能力，有了基本的常识，等等。但是我们总会有些时候不能运用显意识，比如我们睡着的时候；也有一些事情是不能用显意识来控制的，比如说我们的心脏跳动就没有办法完全控制跳动的频率，还有我们的细胞也无法完全用显意识来控制它的工作。现在问题来了，如果我们的细胞等不受显意识控制，那是什么控制它们的是什么呢？

（二）潜意识

上面那个问题的答案就是——潜意识。

其实很多人都不知道我们的大脑除了显意识，还有发挥更大作用，并且潜能更大的潜意识。可以说，身体的一切自动运转机制都是潜意识的结果，也可以说人类的潜能之所以还没有开发到极致就是因为对潜意识的开发和使用不够，所以我们如果要开发无尽的潜能就要去了解潜意识，去使用我们的潜意识。现在问题来了，如何去使用潜意识呢？要了解如何使用潜意识，首先我们要了解一下大脑记忆的两种层次。

大脑记忆的两种层次

（一）浅层记忆

包括瞬时记忆和短时记忆，这一类记忆存储在大脑表层的区域。存储在大脑浅层的记忆让我们拥有了显意识，有了显意识我们就可以认知世界。另外还有更大作用的是深层记忆。

（二）深层记忆

怎么样才能使浅层记忆进入更高级别的深层记忆呢？答案是浅层记忆经过不断复习和肯定，就会慢慢地变成深层记忆，从而进入我们的潜意识，进入潜意识的记忆几乎是不会遗忘的。很多以前特别熟悉的内容我们一时想不起来，那是因为记忆放到了比较深层的大脑区域，所以要花点时间去寻找，如果我们能够花点时间去复习，深层的记忆又能够重新找出来，回到显意识的层面。

另外，潜意识会在无形之中影响我们的生活和思维，所以正面、积极的深层记忆对我们非常有帮助；相反的，如果是负面、消极的深层记忆就会对我们产生负面影响。现在问题来了，我们应该使什么内容转化为深层记忆而输入我们的潜意识，从而正面帮助我们的生活和工作呢？

答案是输入大量的正能量内容和与学习、工作及生活密切相关的内容。

那怎么样才能输入？

答案是把那些内容做到滚瓜烂熟倒背如流，做到脱口而出。

那怎么样才能脱口而出呢？

答案是熟悉运用脱口而出口诀。

综上所述，要开发我们无穷无尽的潜能，就快点熟悉和运用脱口而出口诀吧。

小结：学完全脑口诀第十三招，我们的全脑口诀13招就简单地介绍完了，大家可以好好放松一会儿了。当然，放松一段时间后，我们要经常运用书中所描述的口诀。这13个口诀是非常全面、系统的，只要用心去理解使用，就会有无限的乐趣。已经有很多学员证明了这一点，所以聪明智慧的你多多去运用吧。

答疑

1.记忆法有时很难出影像，怎么办呢？

答：多练即可。

2.记忆法只对特定内容有记忆效果吗？

答：只要理解和掌握了记忆法的核心思想，可以应用于任何内容的记忆。

3.学习记忆法需要很高天赋吗？

答：不需要，正常人即可。

4.记忆法熟悉运用的前提是什么？

答：牢记各项口诀，并且理解透彻。

5.世界记忆大师天赋都很高吗？

答：都是一群普通人，记忆力甚至比一般人还差，主要是通过多练才改善了记忆力。

6.学习记忆法有年龄限制吗？

答：没有，多大都可以学习，不过9岁及以上的朋友学习起来更加容易掌握。

7.我不需要考试，记忆力好有什么用吗？

答：好处很多，如果是年纪大的人还可以防止老年痴呆。

8.40岁以上的人的记忆力是不是比年轻人记忆力差一些呢？

答：如果都是死记硬背，那是差很远的，但如果都很熟悉运用记忆法，那差别不大。

第六章 智慧语文

语文的重要性

语文学科是一门基础学科，对于学生学好其他学科，提高正确理解运用语言文字的水平，使他们具有适应实际需要的现代文阅读能力、写作能力和口语交际能力，具有初步的文学鉴赏能力和阅读文言文的能力，有基础性作用；掌握语文学习的基本方法，养成自学语文的习惯，培养发现、探究、解决问题的能力，为继续学习和终身发展打好基础。语文是最重要的交际工具。

为什么要学习语文呢？我们觉得至少有以下4个理由：

第一，语文是其他学科的基础，是学好其他学科必不可少的工具。

英语也是语言学科，自然与语文有着密切的联系。政治、历史、地理同样离不开语文。即使是数学、物理、化学、生物，如果语文基础太差，要理解那些公式定理也非常困难。

第二，语文是一个人一生中离不开的工具。

不管你将来从事什么工作，听说读写的语文基本功都是不可缺少的。

第三，考试需要。

因为中小学各个阶段考试都要考语文。我们天天在批判“应试教育”，然而无法逃避它，不管你是不是喜欢它。全国的高考方案有很多种，但不管是哪一种方案，语文都是主要考试科目。所以，我们不仅要学，而且必须学好它。

第四，学习语文可以陶冶你的情操。

“才如江海文始壮，腹有诗书气自华！”学语文可以提高你的品位，使你成为一个高雅的人。

背诵在语文学习中的重要性

听说过“背多分”的人就知道背诵对于语文学习有多么大的帮助。其实背诵是中国传统教育的一种优良方法，古人云，“熟读百遍，其义自见”，“熟读唐诗三百首，不会作诗也会吟”。可见，熟读乃至背诵不但能体会其中所蕴含的思想感情，还能促进写作。在语文改革方向来看，要求学生背诵的诗文越来越多，难度也越来越大。背诵在语文学习中扮演着越来越重要的角色。

1.背诵有助于理解：“书读百遍，其义自见”

古人常说“书读百遍，其义自见”，这“读书百遍”在古人中不就是背诵吗？由此可见诵读的功效。但学生的自行背诵往往是只顾背诵，且不管背的内容是什么，更不会在背诵中去领悟内容的含义和美妙所在。如果能在了解文意的基础上进行背诵，就能事半功倍地将要背诵的内容记下来，而且能促进对文章的理解。所以在训练之初，内容上要从“少”而“精”开始，我首先给予正确的示范和引导，帮助学生对所背诵的内容进行分析和理解，分清层次，归纳层意，培养先理解后背诵的良好习惯。学生为了更快地完成背诵任务，不断地对要背诵的内容进行分析，分清层次，概括出层意，然后在背诵时通过回忆来帮助自己完成背诵任务。这样久而久之，既理解了文章的内容，又培养了分析、概括的能力，真正达到了在背诵的训练中“其义自见”的目的。

2.背诵可以锻炼记忆力：记忆力是练出来的

从记忆规律的角度来说，所背诵的总是不可避免地要遗忘的。人的记忆遗忘的速度是和重复的次数成反比的。要想永久记忆，那么就必须反复地背诵。

大脑越用越灵活，在反复的诵读背诵中增强了记忆力，积累也就多了，在运用的时候就可以得心应手了。我在每篇课文里精选了部分优美的语句或精彩的段落让学生进行背诵训练，来不断地增强他们的记忆力，通过分散训练（指每课的部分段落）学生的记忆力不断地增强，词汇量大量地增加，语文的成绩也随之逐步提高。

同时，背诵必须与默写相结合，背诵可以提高学生的听、说、读的能力。默写不仅是培养写的能力，也是考察学生对所背诵内容的理解的正确性。有些学生能够背诵得滚瓜烂熟，可是一落笔却是错字百出，说明他的记忆当中，还存在理解上的不足和漏洞。

3.背诵的其他好处

背诵有助于写作："熟读唐诗三百首，不会作诗也会吟"，很多高考满分作文的高手都是背了很多满分作文的；背诵可以提升气质："腹有诗书气自华"；背诵可以增加积累：词汇和句子积累等；背诵可以提升大脑开发。

经过长期的教学，我们总结出了语文学习中常见的记忆问题

1.生字记得不好

很多学生，特别是语文比较弱的学生，他们的认字量和语文学习好的学生相比，差别不是一般的大：我见过厉害的学生在小学一年级就拥有了初二这样的认字水平，而弱的学生六年级了却只有三四年级的认字水平。

2.词语积累少

词语积累少是语文比较弱的学生共有的问题，平时看书少，背诵少，考试的时候自然无法自由应用已学知识作答。

3.古诗词难背

古诗词总的来说并不难背，难的只是少量古诗，但就是这少量难背的古诗影响了很多学生背诵古诗词的信心。

4.课文怎么读都背不下来

课文的背诵是很多学生的痛苦，包括学过一些记忆法但没有掌握得很好记忆法的学员。课文背诵难点在于字数比较多，不像古诗一样那么几十个字随便死记硬背也能扛下来。

5.文言文特别难背

我们都不是古人，不是从古代穿越过来的，所以现代的人去学古代的文章确实有不少的"代沟"。文言文难背在于你比较难理解它的意思，就算理解了它的意思后你还发现句子不怎么读得顺口，所以背来背去就觉得太难了。无论是小学生还是初中生或高中生，都或多或少地害怕文言文背诵，包括当初自学过记忆法的我。我当初对于文言文的背诵态度是能不背就绝对不背，能蒙混过关就蒙混过关。到了高中我才发现这世界上还有文言文翻译书这种东西存在，从此带着翻译书背诵文言文就轻松多了，而且随着文言文背诵得越来越多，就会发现文言文写来写去也就那十几种句子结构，常见的虚词也就20来个，常见

的实词也就是120几个，而且背诵文言文的感觉实在太美妙，所以后来我是更加喜欢背诵文言文胜过现代文的。

好了，问题分析完了，针对以上问题，我们特意做了以下的语文知识速记分享，希望对大家有帮助。

第一节　生字速记

说到生字速记，我想这是很多学生的记忆难点，我们深入调查发现，所有学习不好的学生都有个共同点，那就是认字量都比一般学生少。所以要想改善语文的学习，第一任务就是增加认字量，就像学习英语一样，没有大的单词量就很难成为学霸。生字的记忆有没有一些好的方法呢？答案是有的，而且不止一种，有很多种，下面我们就拿一些例子来给大家分享一些生字速记的方法。

47个经典汉字

这47个汉字一般人是没有见过那么多的，更别说记住了，如果你每个都认得，别人会觉得你很厉害。请问大家现在是否都认识它们呢？如果不都认识也不要紧的，因为你即将都认识。

1.三个金念鑫（xīn）
2.三个木念森（sēn）
3.三个水念淼（miǎo）
4.三个火念焱（yàn）
5.三个土念垚（yáo）
6.三个犬念猋（biāo）
7.三个马念骉（biāo）
8.三个牛念犇（bēn）
9.三个羊念羴（shān）
10.三个鹿念麤（cū）

25.三个田念畾（lěi）
26.三个原念厵（yuán）
27.三个手念掱（pá）
28.三个力念劦（liè）
29.三个泉念灥（xún）
30.三个白念皛（xiǎo）
31.三个石念磊（lěi））
32.三个小念尛（mó）
33.三个人念众（zhòng）
34.三个飞念飝（fēi）

11.三个鱼念鱻（xiān）
12.三个龙念龘（tà、dá）
13.三个香念馫（xīn）
14.三个车念轟（hōng）
15.三个子念孨（zhuǎn）
16.三个直念矗（chù）
17.三个毛念毳（cuì）
18.三个雷念靐（bìng）
19.三个风念飍（xiū）
20.三个吉念嚞（zhé）
21.三个言念譶（tà）
22.三个心念惢（suǒ）
23.三个耳念聶（niè）
24.三个目念瞐（mò）
35.三个刀念刕（lí）
36.三个止念歮（sè）
37.三个士念壵（zhuàng）
38.三个又念叒（ruò）
39.三个隼sǔn念雥（zá）
40.三个舌念舙（qì）
41.三个贝念赑（bì）
42.桅念（wéi）
43.尥念（liào）
44.鸠念（jiū）
45.栗念（lì）
46.馗念（kuí）
47.粟念（sù）

现在我们就来给大家分享如何做到看一遍这些字就能把它们记住，在记忆的时候我们建议大家每记忆5个生字后就复习一次，而且尽量想出对应的画面，那样记忆的压力小一些。

生字速记口诀：认字=拆分+想象

1.拆分：鑫=金+金+金。（大家在记忆生字的时候一定要学会使用拆分的方法来降低记忆的难度。）

2.谐音：鑫——心（谐音法主要的目的是做到整体的连接，让我们的记忆有线索可依，这一步骤有时可以不用到。）

3.想象：金心，金做的心。

方法参考：

第一组

1.三个金念鑫（xīn）：谐音金心，金做的心。

2.三个木念森（sēn）：谐音木森，特别多树木的地方叫森林。

3.三个水念淼（miǎo）：谐音水秒，喝水一秒钟喝一缸。

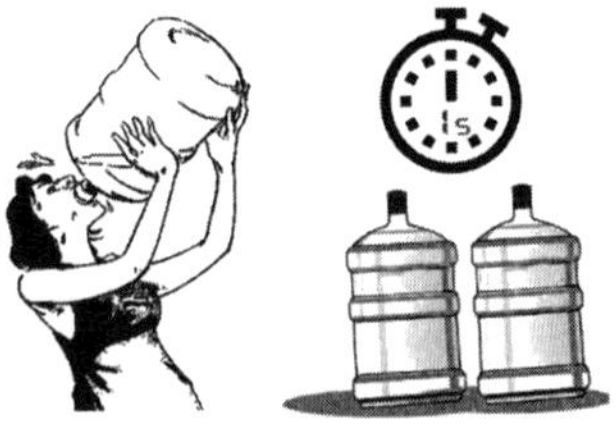

4.三个火念焱（yàn）：谐音火焰，火很多聚在一起就很多火焰了。

5.三个土念垚（yáo）：谐音土摇，土在头上摇一下就掉下来。

大家记忆一遍后可以尝试把拼音盖住，然后看自己是否能够想起每个字的读音，如果有个别记不住就多看一两遍。每个人天生的记忆力不一样，用了记忆法后的记忆效果也会不一样，但只要活学活用记忆法，每个人都能做到快速记忆。

第二组

1.三个犬念猋（biāo）：谐音犬彪，犬就是狗，狗彪得也很快。

2.三个马念骉（biāo）：谐音马彪，马彪得很快。

3.三个牛念犇（bēn）：谐音牛奔，牛奔溃了，因为得了疯牛病。

4.三个羊念羴（shān）：谐音羊山，转过来就是山羊。

5.三个鹿念麤（cū）：谐音鹿粗，长颈鹿很粗心，走路总是摔倒。

第三组

1.三个鱼念鱻（xiān）：谐音鱼鲜，鱼好新鲜。

2.三个龙念龘（tà、dá）：谐音龙踏，龙开车不用脚踏，用马达。

3.三个香念馫（xīn）：谐音香心，很香的心。

4.三个车念轟（hōng）：谐音车轰，三辆车轰轰的响。

5.三个子念孨（zhuǎn）：谐音子转，儿子转过身来。

第四组

1.三个直念矗（chù）：谐音直畜，走路很直的应该不是牲畜。

2.三个毛念毳（cuì）：谐音毛脆，毛发好脆弱，一扯就断。

3.三个雷念靐（bìng）：谐音雷病，打雷吓到就生病了。

4.三个风念飍（xiū）：谐音风休，风大要在家休息。

5.三个吉念嚞（zhé）：谐音吉着，吉利的礼物我都急着想要。

第五组

1.三个言念譶（tà）：谐音言踏，语言多的人喜欢脚踏车。（谐音成盐踏，一包盐一脚踏下去。）

2.三个心念惢（suǒ）：谐音心锁，心被锁起来了。

3.三个耳念聶（niè）：谐音耳捏，耳朵想捏一下。

4.三个目念瞐（mò）：谐音目墨，眼睛里有墨水。

5.三个田念畾（lěi）：谐音田垒，在田里做堡垒。

第六组

1.三个原念厵（yuán）：原来还是原。

2.三个手念掱（pá）：谐音手爬，用手爬。

3.三个力念劦（liè）：谐音力裂，力气大，打石头会裂开的。

4.三个泉念灥（xún）：谐音泉寻，泉水可以寻找了。

5.三个白念皛（xiǎo）：谐音白小，反过来就是小白。

第七组

1.三个石念磊（lěi）：谐音石磊，石头磊起来。

2.三个小念尛（mó）：谐音小磨，那么小的铁肯定是被磨损的。

3.三个人念众（zhòng）：谐音人众，人多就是群众。

4.三个飞念飝（fēi）：谐音飞飞，飞来飞去还是飞。

5.三个刀念刕（lí）：谐音刀梨，用刀切梨子。

第八组

1.三个止念歮（sè）：谐音纸色，纸的颜色都不一样。

2.三个士念壵（zhuàng）：谐音士壮，反过来就是壮士。

3.三个又念叒（ruò）：谐音又弱，生病又要上班会很虚弱。

4.三个隼sun念雥（zá）：谐音笋杂，竹笋可以很复杂，做杂酱面。

5.三个舌念舙（qì）：谐音舌气，舌头伸出来容易让人生气。

第九组

1.三个贝念赑（bì）：谐音卑鄙，好卑鄙哦。

2.桅念（wéi）：木和危——木头危险要用东西围（桅）住。

3.尥念（liào）：九和勺——九只勺子吃饲料（尥）。

4.鸠念（jiū）：九和鸟——九只小鸟啾啾啾。

5.栗念（lì）：西和木——西木卖板栗。

6.馗念（kuí）：九和首——九头（首）妖练葵（馗）花宝典。

7.粟念（sù）：西和米——西米卖粟米。

生字对比记忆

曾经不少学生告诉我，有些容易混淆的生字特别不好记忆，它们不一起出现还好，一起出现的话很容易念错或者不知道哪个是哪个。学生反映的这个问题不是个别情况，而是大部分人都会遇到的，现在我就来给大家分享一些这个问题的解决办法。我们采取的是成串记忆的方法，也就是把容易弄混的字都集中到一起来辨析，通过对比来辨析每个生字，同时也采取了声音想象和口诀的办法，下面举些例子来说明一下。

1.戊戌戍成

这4个字特别容易混淆，说实话我本人到高中了还分不清戌、戍和戊这3个字，于是我就用记忆法来处理它们，处理之后我再也没有混淆过这几个字。

想象：

横戌——横须（谐音），横着的胡须。

点戍——点数（谐音）

戊中空——悟空（谐音）

折成功——成功

口诀：横戌点戍戊中空，少走弯路易成功。

2.巳已己

这3个字主要就是巳比较少见，其他两个很简单。

想象：

全包巳——全包死，全包呼吸不了就死了。

半包已——半包已，半包就已经难受了。

不包是自己——不包自己，对自己好点。

口诀：全包巳，半包已，不包是自己。

3.天夫夹侠峡

想象：天——二人：二人飞上天。

夫——天字出头：天字出头大丈夫。

夹——夫和两点：夫人夹着两个娃。

侠——人和夹：人夹排列成大侠。

峡——山和夹：山夹越岭到海峡。

口诀：二人飞上天，天字出头大丈夫，夫人夹着两个娃，人夹排列成大侠，山夹越岭到海峡。

课本生字速记

课本生字全方位速记方法

组词：按照课文上的词来组词可能会好点，因为这样有助于帮助巩固课本上的知识。

造句： 通过这一步的练习可以提高创造力，包括造句能力。

解字： 在教学过程中发现，能够背诵和默写是两回事，很大程度上是因为字不会写，所以对于基础比较弱的同学有必要解字来加强记忆。如果只是生字速记，只需要用到解字这一步即可，第一步的组词和第二步的造句是不需要用到的。下面具体看一些例子。

xuàn	lè	è	yá
渲	**勒**	**鄂**	**涯**

1. 组词

渲染　勾勒　鄂伦春　天涯

2. 造句

绿色渲染，墨色勾勒，鄂伦春姑娘到了天涯。

3. 解字

（1）渲＝三点水＋宣：宣有水就渲染。

（2）勒＝革＋力：革命的蓝图用力勾勒。

（3）鄂＝两个口＋亏＋耳朵旁：鄂伦春姑娘不会两口亏待耳朵。

chù	āo	róng	xún	tuó	bǐ	mào	zhī	huàn
矗	**凹**	**戎**	**循**	**鸵**	**匕**	**贸**	**芝**	**奂**

1. 组词

矗立　凹眼　戎装　循环　鸵鸟　匕首　商贸　芝麻　美轮美奂

2. 造句

门口矗立着凹眼的戎装大兵，他循环的叫鸵鸟拿着匕首去商贸，商贸中心的芝麻美轮美奂。

3. 解字

（1）矗＝三个直：三个雕像直直地矗立着。

（2）凹：形状看，上面往下凹了。

（3）戎＝形状像戒烟的戒，戎装我像戒烟一样戒了，不再穿了。

（4）循＝双人旁＋盾：两个人有矛盾就循环地吵架，吵啊吵。

（5）鸵＝鸟＋它：大鸟它驼背了，所以叫鸵鸟。

（6）匕：七字不穿心，匕首不能随便用。

（7）贸＝留字头＋贝：古时代人们把贝壳当钱用，贸易之后留下的就是贝壳，就是钱。

（8）芝＝草字头＋之：名字有个“芝”的植物就是芝麻了。

（9）奂＝换字没有左边提手旁：魔术换来换去连手都不见了，真是美轮美奂。

yāo	ráo	xiè	záo	wēi	é	méi
妖	娆	械	凿	巍	峨	媒
zhēng	níng	chěng	chě	xīn	xiào	qǐn
狰	狞	逞	扯	薪	效	寝

1. 组词

妖娆　机械　凿开　巍峨　媒婆

狰狞　逞凶　撕扯　薪水　效率　废寝忘食

2. 造句

妖娆的妖用机械凿开巍峨的大山，媒婆面目狰狞地逞凶，还撕扯员工的薪水，效率很高还废寝忘食了。

3. 解字

（1）妖＝女＋夭：女的夭折了容易变女妖。

（2）娆＝女＋饶的右边：妖娆的女妖饶命啊。

（3）械＝木＋戒：木头戒烟不如机械戒烟。

（4）凿＝业＋¥＋凵：把作业本当钱放在盒子里，盒子不小心被小偷凿开了洞。

（5）巍＝山＋委＋鬼：山里有个委屈的鬼很巍峨。

（6）峨＝山＋我：山里只有我的就是峨眉山了。

（7）媒＝女＋某：女的应该嫁给某某，这是媒婆经常想的事情。

（8）狰＝狗爪旁＋争：狗狗们相互争得面目很狰狞。

（9）狞＝狗爪旁＋宁：狗很宁静，面目一点都不狰狞。

（10）逞＝走之旁＋口＋王：走到门口就要当大王，真是逞凶。

（11）扯＝提手旁＋止：手不禁止就容易撕扯衣服。

（12）薪＝草字头＋新：草也可以当薪水发给员工吗？

（13）效＝交＋文：交作文很快，说明写作文效率高。

（14）寝＝宝盖头＋底下右边看起来像人：被子盖了就睡觉就是就寝。

gāo	zhào	ǎo	bāo
篙	**棹**	**媪**	**剥**

1. 组词

收篙　停棹　翁媪　剥开

2. 造句

收篙停棹的翁媪在剥开莲蓬。

3. 解字

（1）篙＝竹字头＋高：竹子很高当然也念高。

（2）棹＝木＋卓：木头很卓越，可以用来做棹（船桨）。

（3）媪＝女＋温字左边：女的说话很温暖往往是翁媪。

（4）剥＝录＋利刀旁：录像的时候被人用利刀剥开了录像机。

zhān	xiè	jǔ
毡	**卸**	**咀**

1. 组词

毡帽　卸煤　咀嚼

2. 造句

戴毡帽的工人在卸煤，完工后咀嚼吃饭。

3. 解字

（1）毡=毛+占：被毛占领边沿的帽子是毡帽。

（2）卸=缸的左边+即的右边：把缸的左边立即拆卸下来。

（3）咀=口+且：口张开又闭上，而且反复张开和闭上，这就像咀嚼食物。

以下是文字记忆练习，大家可以进行相应练习。

zhà	wēng	kěn	yīng	bàng	dū	wō	piáo
蚱	**嗡**	**啃**	**樱**	**蚌**	**嘟**	**倭**	**瓢**
pēi	chéng	fù	qǐ	jiǎo	zhī	jiǒng	
胚	**澄**	**赋**	**岂**	**绞**	**汁**	**窘**	
huì	yuē	qín					
惠	**曰**	**禽**					

rǔ	bì	qiú	huái	gān	zhǐ	zéi	péi
辱	敝	囚	淮	柑	枳	贼	赔
nī	yì	yì	yáo	è	hào	sǎo	kuà
妮	役	谊	谣	噩	耗	嫂	挎
quán	bìn	kē	táng	áo	āi		
颧	鬓	稞	搪	熬	唉		
liǎn	gē	dá	yǎn	yē	xiù		
敛	疙	瘩	奄	噎	锈		
sì	jiū	dèng	chān	jì	diàn		
肆	揪	瞪	搀	祭	奠		
xún	mù	bèng	chóu	kēng	diān		
旬	募	泵	筹	吭	颠		
bì	nuò	qiè	sè	fǒu	jù	qīng	
璧	诺	怯	瑟	缶	拒	卿	

（一）中小学生常见错别字辨析速记（括号中的字为正确的）

错别字辨析采用的方法一般是拆分联想，拆分正确的那个字即可。很多人理解和使用这方法后说再也没有错过，很感激我提供这么好的方法。所以以下的方法只要大家认真理解一下，肯定对大家有帮助。

1.按（安）装

想象：安全地装东西。

2.甘败（拜）下风

想象：甘愿跪拜你。

3.自抱（暴）自弃

想象：自己很暴躁。

4.针贬（砭）

想象：针是石头（砭字左边是石）做的。

5.泊（舶）来品

想象：船（舶字左边是舟）上送来的舶来品。

6.脉博（搏）

想象：用脉络搏斗。

7.松驰（弛）

想象：松弛的弓箭。

8.一愁（筹）莫展

想象：一筹莫展很难长寿（筹字里面有个寿字）。

9.穿（川）流不息

想象：四川的车川流不息。

10.精萃（粹）

想象：精粹的米（粹字是米字旁）。

11.重迭（叠）

想象：重叠的飞叠杯。

12.渡（度）假村

想象：温度很高的度假村。

13.防（妨）碍

想象：有位女士（妨字是女字旁）妨碍我追求她。

14.幅（辐）射

想象：辐射的车（辐字是车子旁）。

15.一幅（副）对联

想象：一副对联的右边用刀（副字是利刀旁）割。

16.天翻地复（覆）

想象：天翻地覆的西瓜（覆是西字头）。

17.言简意骇（赅）

想象：言简意赅的贝壳（赅是贝字旁）。

18.气慨（概）

想象：有气概爬上树木（概字是木字旁）。

19.一股（鼓）作气

想象：一鼓作气拼命地打鼓。

20.悬梁刺骨（股）

想象：悬梁刺屁股。

21.粗旷（犷）

想象：粗扩的狗（犷字是狗字旁）。

22.食不裹（果）腹

想象：食不果腹因为没有水果。

23.震憾（撼）

想象：用手（撼字是提手旁）打人很震撼。

24.凑和（合）

想象：凑合的人很难合到一起。

25.侯（候）车室

想象：候车室当然要等候。

26.迫不急（及）待

想象：迫不及待地想考试及格。

27.既（即）使

想象：即使要割右边耳朵（即字右边是单耳旁），也不怕。

28.一如继（既）往

想象：既然你那么一如既往。

29.草管（菅）人命

想象：草菅人命肯定是因为草（菅字是草字头）。

30.娇（矫）揉造作

想象：矫揉造作容易成众矢（矫字左边是矢）之的。

31.挖墙角（脚）

想象：挖墙脚不小心挖到自己的脚。

32.一诺千斤（金）

想象：一诺千金是因为有黄金。

33.不径（胫）而走

想象：不胫而走是因为有月亮（胫字左边是月）在跑。

34.峻（竣）工

想象：桥梁竣工后就立刻通车。

35.不落巢（窠）臼

想象：不落窠臼只因洞穴里有水果（窠字拆分为穴和果）。

36.烩（脍）炙人口

想象：脍炙人口的月亮（脍字左边是月）。

37.打腊（蜡）

想象：打蜡打到虫子身上。

38.死皮癞（赖）脸

想象：死皮赖脸的无赖。

39.兰（蓝）天白云

想象：蓝色的天，白色的云。

40.鼎立（力）相助

想象：鼎力相助要有力气。

41.再接再励（厉）

想象：再接再厉很厉害。

42.老俩（两）口

想象：老两口就两个人。

43.黄梁（粱）美梦

想象：黄粱一梦希望有高粱。

44.了（瞭）望

想象：瞭望要用眼睛。

45.水笼（龙）头

想象：水龙头里有龙飞出来。

46.杀戳（戮）

想象：杀戮羽毛，珍惜戈壁。

47.痉孪（挛）

想象：痉挛的手。

48.美仑（轮）美奂

想象：美轮美奂的轮子。

49.罗（啰）唆

想象：啰唆要用口。

50.萎糜（靡）不振

想象：广林非这个人萎靡不振。

51.沉缅（湎）

想象：沉湎在水里。

52.名（明）信片

想象：明信片是给小明的。

53.默（墨）守成规

想象：墨守成规的墨水。

54.大姆（拇）指

想象：大拇指在手上。

55.沤（呕）心沥血

想象：呕心沥血到呕吐。

56.凭（平）添

想象：平添了几个平凡的人。

57.出奇（其）不意

想象：出其不意推倒其他人。

58.修茸（葺）

想象：修葺那个草和口的耳朵。

59.亲（青）睐

想象：青睐青色。

60.磬（罄）竹难书

想象：罄竹难书的对象是声音没有的缶。

61.入场卷（券）

想象：入场券包着一把刀。

62.声名雀（鹊）起

想象：声名鹊起说的是喜鹊吗?

63.发韧（轫）

想象：发轫要用刀。

64.搔（瘙）痒病

想象：瘙痒病是病。

65.欣尝（赏）

想象：欣赏要打赏喔。

66.谈笑风声（生）

想象：谈笑风生的生意人。

67.人情事（世）故

想象：人情世故在世界上是要讲的。

68.有持（恃）无恐

想象：有恃无恐说的是心。

69.额首（手）称庆

想象：额手称庆要拍手。

70.追朔（溯）

想象：追溯到水的地方。

71.鬼鬼崇崇（祟祟）

想象：鬼鬼祟祟的人出来示众。

72.金榜提（题）名

想象：金榜题名的人写在大标题上。

73.走头（投）无路

想象：敌人走投无路就投降了。

74.趋之若骛（鹜）

想象：趋之若鹜说的是矛文鸟吧。

75.迁徒（徙）

想象：迁徙右边要禁止。

76.洁白无暇（瑕）

想象：洁白无瑕的大王。

77.九宵（霄）

想象：九霄上的云消失了。

78.渲（宣）泄

想象：宣泄前要宣布。

79.寒喧（暄）

想象：寒暄要每日进行哦。

80.弦（旋）律

想象：旋律是旋转出来的。

81.膺（赝）品

想象：赝品是贝壳做的。

82.不能自己（已）

想象：不能自已是已经发生了。

83.尤（犹）如猛虎下山

想象：犹如猛虎下山像狗（犹字左边是狗耳旁）跑得一样快。

84.竭泽而鱼（渔）

想象：竭泽而渔抓的水（渔字左边是三点水）。

85.滥芋（竽）充数

想象：滥竽充数充的是竹子（竽字是竹字头）。

86.世外桃园（源）

想象：传说世外桃源是桃子的发源地。

87.脏（赃）款

想象：赃款买贝壳去了。

88.醮（蘸）水

想象：蘸水要用草。

89.蜇（蛰）伏

想象：蛰伏需要虫子执着的心。

90.装祯（帧）

想象：装帧要用毛巾（帧字是巾字旁）。

91.饮鸠（鸩）止渴

想象：饮鸩止渴饮的是沈大爷家的毒鸟羽毛泡过的酒（鸩字拆分为沈字右边和鸟）。

92.坐阵（镇）

想象：坐镇在乡镇。

93.旁证（征）博引

想象：旁征博引征服了听众。

94.灸（炙）手可热

想象：炙手可热的夕阳多了一点（炙的字头比夕字多一笔）。

95.床第（笫）之私

想象：床笫之私不是第一名的第。

96.姿（恣）意妄为

想象：恣意妄为一次就让人伤心。

97.编篡（纂）

想象：编纂的人与你有联系。

98.做（坐）月子

想象：坐月子的女士有专门的凳子坐。

第二节　词汇速记

词汇积累是语文学习的另外一个重点，词语量的多少直接影响理解能力，很多学生认字量很大，但未必是语文的学霸，其中一个原因是理解能力还没有提升上来。所以要想学好语文，我们第二个要解决的问题就是词语的积累。词语的积累一样是有方法的，认识和理解每个词语的方法在这里我们就不讲解了，现在我们讲解一下更高级别的批量速记词语，当然这个方法大家可以学习也可以不学习，但为了训练大家的大脑灵活度，我建议大家跟着去进行想象和记忆训练，让自己的记忆能力更上一层楼，可以实现对菜鸟们的实力碾压。现在给大家一点时间来复习以下内容，看大家是否都能记住。

成语接龙 60 个

1.瞒天过海　海底捞月　月明星稀　稀世之宝　宝刀未老
老蚌生珠　珠光宝气　气吞山河　河伯为患　患难与共
共商国是　是非颠倒　倒因为果　果出所料　料敌如神
神兵天将　将遇良才　才德兼备　备尝艰苦　苦不堪言

2.言中无物　物至则反　反败为胜　胜券在握　握蛇骑虎
虎子狼孙　孙庞斗智　智穷才尽　尽力而为　为民除害
害群之马　马首是瞻　瞻前顾后　后悔莫及　及门之士
士穷见节　节俭躬行　行之有效　效颦学步　步步紧逼

3.逼上梁山　山高水远　远涉重洋　洋为中用　用心竭力
力挽狂澜　澜倒波随　随遇而安　安之若命　命若悬丝
丝丝入扣　扣壶长吟　吟风弄月　月落星沉　沉鱼落雁
雁南燕北　北窗高卧　卧薪尝胆　胆战心惊　惊心裂胆

成语接龙的记忆方法大家已有所了解，现在我们把方法再细化一下，方便大家理解和学习。

成语接龙速记方法

（1）理解每个成语的意思，尾字相连就简单了。

（2.）还可以每个转化成一个影像，然后通过连锁影像法即可。

（3）当然如果接龙的成语不多的话，直接多读几遍就可以记下来了。

小学容易出错的词汇记忆

1.衣裳　杜鹃　芙蓉　痕迹　掠过　蓑衣
剥削　蚕桑　苍穹　涔涔　春晖　簇拥

2.抖擞　拂过　谷穗　鳜鱼　和煦　鸿鹄
哗笑　涧中　江畔　崛起　柳梢　柳絮

3.扑棱　荞麦　裙裾　潸潸　书斋　逶迤
兀立　崭新　羲之　峰峦　砌墙　丝绦

建议大家使用的记忆方法：故事画面

1.衣裳　杜鹃　芙蓉　痕迹　掠过　蓑衣

剥削　蚕桑　苍穹　涔涔　春晖　簇拥

记忆：衣裳给了杜鹃，杜鹃在芙蓉上留下痕迹，然后掠过蓑衣去剥削蚕桑，蚕桑在苍穹涔涔的春晖里簇拥着。

2.抖擞　拂过　谷穗　鳜鱼　和煦　鸿鹄

哗笑　涧中　江畔　崛起　柳梢　柳絮

记忆：抖擞的燕子拂过谷穗去抓鳜鱼，鳜鱼和煦地和鸿鹄哗笑，然后去涧中的江畔拿崛起柳梢上的柳絮。

3.扑棱　荞麦　裙裾　潸潸　书斋　逶迤

兀立　崭新　羲之　峰峦　砌墙　丝绦

记忆：扑棱的荞麦舞动裙裾，和潸潸书斋一起逶迤地兀立着，崭新的王羲之在峰峦上砌墙和抓丝绦。

92 个小学必背成语的速记

东西南北	心平气和	玲珑剔透	姹紫嫣红
天南地北	和颜悦色	金碧辉煌	落英缤纷
五湖四海	设身处地	金石为开	郁郁葱葱
四海为家	实事求是	谋财害命	喷薄欲出
家家户户	气壮山河	躲躲藏藏	旭日东升
大大小小	万水千山	遮遮掩掩	夕阳西下
八仙过海	拔地而起	引人注意	皓月当空
各显神通	怪石嶙峋	**多多益善**	崇山峻岭
波涛汹涌	**生死之交**	后来居上	悬崖峭壁
连绵不断	精兵简政	花团锦簇	层峦叠翠
波澜壮阔	铁面无私	万紫千红	苍翠欲滴
风风雨雨	一言不发	柳暗花明	**博览群书**
齐头并进	言而有信	诗情画意	孜孜不倦
浩浩荡荡	耐人寻味	说变就变	勤学好问

惊天动地	不拘一格	应接不暇	学而不厌
山崩地裂	**男女老少**	一望无际	坚持不懈
人声鼎沸	单刀直入	一枝独秀	业精于勤
叽叽喳喳	一鼓作气	坚强不屈	专心致志
蹦蹦跳跳	自强不息	异想天开	聚精会神
手忙脚乱	入木三分	一日之功	废寝忘食
粉身碎骨	奇珍异宝	许许多多	竭尽全力
死得其所	粗中有细	亭台楼阁	锲而不舍
风平浪静	光彩夺目	**群芳吐艳**	脚踏实地

记忆方法：竖着记忆，用故事画面

1.记忆：东西南北和天南地北这五湖四海的人四海为家，家有家家户户大大小小的八仙过海，他们各显神通，看到波涛汹涌连绵不断和波澜壮阔的风风雨雨也要齐头并进，浩浩荡荡得惊天动地和山崩地裂，弄得人声鼎沸叽叽喳喳和蹦蹦跳跳的，甚至手忙脚乱到粉身碎骨。

2.记忆方法：死得其所就风平浪静了，人也心平气和和和颜悦色，然后设身处地地实事求是地去气壮山河，看到万水千山拔地而起，还有很多怪石嶙峋。

3.记忆方法：生死之交的朋友精兵简政的时候也铁面无私，一般都是一言不发和言而有信，让人耐人寻味和不拘一格。

4.记忆方法：男女老少单刀直入，而且一鼓作气自强不息地入木三分，入木之后在木头里面看到奇珍异宝，这些奇珍异宝粗中有细和光彩夺目，甚至玲珑剔透到金碧辉煌，小偷想金石为开就去谋财害命，害得有珠宝的人躲躲藏藏和遮遮掩掩，但还是引人注意了。

5.记忆方法：多多益善的努力让人后来居上，得到花团锦簇和万紫千红的柳暗花明这种诗情画意，画意说变就变，令人应接不暇，一望无际中有一枝独秀很坚强不屈，它异想天开一日之功就建造出许许多多亭台楼阁。

6.记忆方法：群芳吐艳的花姹紫嫣红，然后落英缤纷到郁郁葱葱的树上，太阳喷薄欲出就是旭日东升了，最后当然就是夕阳西下，月亮出来就皓月当空，月亮上有崇山峻岭和悬崖峭壁，它们层峦叠翠和苍翠欲滴。

7.记忆方法：我博览群书孜孜不倦，还勤学好问学而不厌，甚至坚持不懈，因为业精于勤，所以要专心致志聚精会神地读书，废寝忘食和竭尽全力也要锲而不舍脚踏实地地做事。

介词：

自从以当为按照，由于对于为了到；和跟把比在关于，除了同对向往朝；

用在名词代词前，修饰动形要记牢。

连词：

和同与跟关中间，或者以及带关联。介词连词难分辨，换位不变才是连。

助词：

结构助词的地得，时态助词着了过，语气助词啊吧呢，他词后边附加义。

（二）常见易混近义词辨析口诀

在中小学考试会经常遇到词语使用的题目，而且出的题目来来回回也就那几百个词语，接下来的口诀让我特别受益，面对词语辨析题目特别有效，在这里分享给大家。

本领能耐用功夫，时间时候用工夫；

无序改变用变幻，由此变彼用变换；

陈述意愿用反映，引发言行用反应；

总括一切用凡是，所有事情用凡事；

同意提议用附议，再次讨论用复议；

客观情况用现实，目前现在用现时；

由此造成用以致，延伸扩大用以至；

校对改正用校正，指教改正用教正；

创制拟定用制订，确定完成用制定；

原来意图用本意，词语原意用本义；

开始使用用启用，任用提拔用起用；

具体财物用物资，客观事物用物质；

支配管辖用权力，享受权益用权利；

总加数量用总和，综合起来用总合；

衡量检查用考查，实地观察用考察；
彼此响应用相应，互相衬托用相映；
超过限度用过度，转入下段用过渡；
付诸执行用施行，尝试办理用试行；
边线分界用界线，事物性质用界限；
独到见解用创见，创立建造用创建；
和平条约用和约，简单合同用合约；
非常急速用急遽，变化迅速用急剧；
合格评定用认证，证人证据用人证；
全军首领用统帅，统辖率领用统率；
欢乐兴奋用欢欣，喜爱心情用欢心；
马上立即用及时，到预定时用届时；
部下属下用部属，安排布置用部署；
启发有悟用启示，公开声明用启事；
已得利润用赢利，谋求利润用营利；
推卸摆脱用推脱，借故拒绝用推托；
违背触犯用违犯，不守法纪用违反；
节约剩余用节余，结余存额用结余；
不再进行用停止，受阻不前用停滞；
报告来到用报到，新闻宣传用报道；
照料教育用抚育，精心喂养用哺育；
含混不清用隐晦，顾忌不说用隐讳；
恭敬送上用呈献，显露出来用呈现；
简明扼要用简洁，直接了当用简捷；
某时形势用时势，一个时代用时世；
一定要做用须要，一定要有用需要；
到期为止用截止，到何时候用截至；
学习经历用学历，学问程度用学力；
精神智慧用神智，知觉理智用神志；

配合适当用协调，和谐统一用谐调；
法律制度用法制，依法治国用法治；
精微语言用微言，隐晦批评用微词；
想念思念用眷念，留恋不走用眷恋；
郑重说明用申明，公开表态用声明；
同一比较用越发，不同比较用更加；
专门技术用技能，技巧手艺用技艺；
改变看法用刮目，畏惧害怕用侧目；
考虑决定用裁决，诉讼程序用裁定；
调查案情用查访，观察了解用察访；
流行习惯用风气，高尚风气用风尚；
人地相同用一起，时间相同用一齐；
提出主张用建议，提出批评用意见；
说人坏话用毁谤，无中生有用诽谤；
有利作用用效力，速度成效用效率；
主观忍耐用坚苦，客观环境用艰苦；
内部含有用包含，请人原谅用包涵；
互相衔接用联接，结在一起用联结；
不公待遇用委屈，事情底细用委曲；
不当谋取用牟取，设法取得用谋取；
让其认识用引见，推荐别人用引荐；
各方聚集用会聚，由少到多用汇聚；
法令条例用颁布，公开发布用公布；
无发言权用列席，参加会议用出席；
一人一事用专集，某一内容用专辑；
超出一般用突出，高于周围用凸出；
移交嘱咐用交代，坦白罪行用交待；
抽象事物用树立，具体事物用竖立；
人事联系用结合，器具物品用接合；

容纳不气用接受，收下接纳用接收；
毫不动摇用坚忍，毫不间断用坚韧；
由此及彼用启发，独立领悟用启示；
零碎不整用片断，截取一段用片段；
现实世界用尘世，世俗之事用尘事；
审阅决定用审定，审阅修订用审订；
不以为耻用不耻，不愿提及用不齿；
小孩晚辈用抚养，平辈之间用扶养；
接受教育用受业，传授知识用授业；
头部手部用化妆，衣着伪装用化装；
劝戒之语用箴言，实话实说用真言；
事物不见用消失，时间飞走用消逝；
穿过连通用贯穿，从头到尾用贯串；
军事调查用侦察，公安调查用侦查；
申诉理由用申辩，公开辩解用声辩；
发怒瞪眼用瞋目，受窘惊呆用瞠目；
言谈举止用优雅，环境建筑用幽雅；
精神振作用发奋，辱后努力用发愤；
事业而言用终生，切身大事用终身；
客居他乡用作客，朋友串门用做客；
工作技能用本领，活动能力用本事；
根本属性用本质，实际属性用实质；
独占独揽用把持，幕后控制用操纵；
区分开来用辨别，真假伪劣用鉴别；
进攻反扑用猖狂，报复诬陷用疯狂；
作伪改动用篡改，据实改动用串改；
生产下来用出生，家庭背景用出身；
时间推移用度过，水道难关用渡过；
重大事件用遏止，心情情绪用遏制；

毫不踏实用浮躁，没有耐心用急躁；
认识不深用肤浅，作风飘浮用浮浅；
横加阻挠用干涉，过问他事用干预；
言辞欺诈用诡辩，强词夺理用狡辩；
宽容冒犯用涵养，道德情操用修养；
从无到有用开辟，从小到大用开拓；
毫无限制用滥用，毫无道理用乱用；
利益损害用利害，剧烈凶猛用厉害；
相对比较用年轻，绝对年段用年青；
不是经常用偶尔，意外发生用偶然；
品尝欣赏用品味，含量档次用品位；
数量足数用实足，十分充足用十足；
实地验证用实验，试探观察用试验；
掌握熟练用熟习，了解深透用熟悉；
一如既往用一向，始终如一用一贯；
程度延伸用以至，由因得果用以致；
学问深广用渊博，知识宽广用广博；
用于否定用捉摸，反复思索用琢磨；
毫不勉强用自愿，个人决心用志愿；
中途停止用中止，最后结束用终止；
出现迹象用征候，出现病状用症候；
精神集中用贯注，倾注注入用灌注。

（三）虚词复习口诀

判断无误用必定，客观趋势用必然；
情理必要用必须，客观需求用必需；
从未有过用不曾，以前有过用曾经；
没有害处用不妨，程度范围用不过；
控制不了用不禁，忍受不了用不堪；

从今以往用从此，过去至今用从来；
确实如此用诚然，情理如此用当然；
基本估计用大抵，比例很大用大多；
情况估计用大概，数量猜测用大约；
总括一般用大凡，主要情况用大致；
毫无顾忌用大肆，竭尽全力用大力；
情况突变用陡然，果断决定用断然；
出于常情用反而，结果一样用反正；
不同对象用分别，各自行动用分头；
不久之后用既而，紧接其后用继而；
时间临近用将近，不久发生用将要；
随便轻率用贸然，突然产生用蓦然；
反复出现用连连，连连发生用频频；
最初开头用起始，最低程度用起码；
直接前往用径直，独自前往用径自；
暂时将就用暂且，让步凑合用权且；
原来这样用本来，一直这样用素来；
程度超常用特别，进步强调用尤其；
不一定会用未必，从前没有用未尝；
表示肯定用未免，避免不了用不免；
情况不变用仍然，情况照旧用依旧；
同时发生用一齐，一致行动用一起；
反复多次用一再，刻意追求用一味；
按通常做用照常，按老样做用照旧；
按惯例做用照例，按式样做用照样；
仅仅这样用只是，只好这样用只有；
预料期待用终究，出现结果用终于；
步步渐进用逐步，自然变化用逐渐；
肯定真实用着实，强调重点用着重；

数字相加用总共，必定这样用总归；
引用标准用按照，依据准则用本着；
引用证据用根据，遵循标准用依照；
表示原因用因为，表示理由用由于；
仅仅如此用罢了，不过如此用而已；
略微超过用开外，大约如此用上下；
目的强调用起见，也就算了用也罢。

（四）成语积累一

成语的积累无论是对考试还是语文素养都有莫大的好处，而且只要能认得每个成语的每个字，理解成语的意思也不难，那么无论是中学生还是小学生都可以进行大量的成语积累。哪个我曾经花一整天的时间用成语接龙的方法背下3000多个成语，那种感觉实在太美妙。

1.描写人的品质

平易近人　宽宏大度　冰清玉洁　持之以恒　锲而不舍　废寝忘食
大义凛然　临危不俱　光明磊落　不屈不挠　鞠躬尽瘁　死而后已

2.描写人的智慧

料事如神　足智多谋　融会贯通　学贯中西　博古通今
才华横溢　出类拔萃　博大精深　集思广益　举一反三

3.描写人物仪态、风貌

憨态可掬　文质彬彬　斗志昂扬　落落大方　神采奕奕
风度翩翩　威风凛凛　意气风发　相貌堂堂　容光焕发

4.描写人物神情、情绪

神采奕奕　喜笑颜开　喜出望外　欣喜若狂　眉飞色舞
悠然自得　呆若木鸡　无动于衷　垂头丧气　勃然大怒

5.描写人的口才

口若悬河　出口成章　伶牙俐齿　巧舌如簧　娓娓而谈
能说会道　妙语连珠　语惊四座　能言善辩　滔滔不绝

6.来自历史故事的成语

三顾茅庐　铁杵成针　望梅止渴　完璧归赵　四面楚歌

负荆请罪	精忠报国	手不释卷	悬梁刺股	凿壁偷光

7.描写人物动作

走马观花	欢呼雀跃	扶老携幼	手舞足蹈	促膝谈心
前俯后仰	奔走相告	跋山涉水	前赴后继	张牙舞爪

8.描写人间情谊

恩重如山	深情厚谊	手足情深	形影不离	血浓于水
志同道合	风雨同舟	赤诚相待	肝胆相照	生死相依

9.说明知事晓理方面

循序渐进	日积月累	温故知新	勤能补拙	笨鸟先飞
学无止境	学海无涯	滴水穿石	发奋图强	开卷有益

10.来自寓言故事的成语

自相矛盾	滥竽充数	画龙点睛	刻舟求剑	守株待兔
叶公好龙	亡羊补牢	画蛇添足	掩耳盗铃	买椟还珠

11.描写事物的气势、气氛

无懈可击	锐不可当	雷厉风行	震耳欲聋	惊心动魄
铺天盖地	势如破竹	气贯长虹	万马奔腾	如履平地

12.形容四季特点

春寒料峭	春暖花开	满园春色	春意盎然	春风化雨
春华秋实	烈日炎炎	骄阳似火	暑气蒸人	秋风送爽
秋高气爽	秋色宜人	寒冬腊月	冰天雪地	寒气袭人

13.形容繁荣兴盛景象

高朋满座	座无虚席	济济一堂	万人空巷	门庭若市
川流不息	欣欣向荣	热火朝天	如火如荼	蒸蒸日上

14.描写美的景和物

锦上添花	玉宇琼楼	蔚为壮观	别有洞天	富丽堂皇
美不胜收	美妙绝伦	巧夺天工	粉妆玉砌	金碧辉煌

15.描写山水美景

高山流水	高耸入云	山明水秀	水天一色	湖光山色
烟波浩渺	波光粼粼	白练腾空	锦绣河山	重峦叠嶂

16.描写花草树木

百花齐放 万紫千红 繁花似锦 花团锦簇 绿草如茵
郁郁葱葱 古树参天 绿树成荫 万木争荣 桃红柳绿

17.描写日月风云

晨光熹微 皓月千里 银装素裹 风驰电掣 风清月朗
春风化雨 暴风骤雨 滂沱大雨 大雨如注 云雾迷蒙

18.带有近义词的成语

兴国安邦 翻山越岭 百依百顺 背井离乡 长吁短叹
道听途说 丢盔弃甲 调兵遣将 甜言蜜语 眼疾手快

19.带有反义词的成语

东倒西歪 南辕北辙 前赴后继 前俯后继 左推右挡
承前启后 舍近求远 扬长避短 弃旧图新 优胜劣汰

20.AABB式

鬼鬼祟祟 熙熙攘攘 战战兢兢 兢兢业业 沸沸扬扬
林林总总 支支吾吾 吞吞吐吐 浩浩荡荡 影影绰绰
密密麻麻 疏疏朗朗 朝朝暮暮 日日夜夜 浑浑噩噩
风风雨雨 风风火火 堂堂正正 偷偷摸摸 轰轰烈烈
朦朦胧胧 隐隐约约 迷迷糊糊 心心念念 挨挨挤挤
勤勤恳恳 踉踉跄跄 原原本本 形形色色 口口声声

21.AABC式

芸芸众生 咄咄逼人 头头是道 津津有味 津津乐道
奄奄一息 念念不忘 空空如也 源源不绝 姗姗来迟
面面相觑 面面俱到 振振有辞 窃窃私语 息息相关
喋喋不休 循循善诱 郁郁寡欢 彬彬有礼 亭亭玉立
铮铮铁骨 飘飘欲仙 夸夸其谈 孜孜以求 孜孜不倦
莘莘学子 跃跃欲试 井井有条 绰绰有余 楚楚可怜

22.十二生肖成语

呆若木鸡 杀鸡吓猴 对牛弹琴 人仰马翻 顺手牵羊
人怕出名猪怕壮 狗急跳墙 画蛇添足 胆小如鼠

叶公好龙　如狼似虎　守株待兔

（五）成语积累二

23.含有动物名称的成语

万象更新　抱头鼠窜　鸡鸣狗盗　千军万马　亡羊补牢
杯弓蛇影　鹤立鸡群　对牛弹琴　如鱼得水　鸟语花香
为虎作伥　黔驴技穷　画龙点睛　抱头鼠窜　虎背熊腰
守株待兔　鹤发童颜　狗急跳墙　鼠目寸光　盲人摸象
画蛇添足

24.含有两个动物名称的成语

鹤立鸡群　鸡鸣狗盗　鹬蚌相争　蚕食鲸吞　蛛丝马迹
龙争虎斗　龙马精神　龙飞凤舞　龙腾虎跃　龙骧虎步
龙潭虎穴　龙跃凤鸣　车水马龙　指鹿为马　兔死狐悲
鸡犬不宁　心猿意马　狼吞虎咽

25.含有人体器官的成语

眼高手低　目瞪口呆　胸无点墨　头重脚轻　手足轻深
口是心非　手疾眼快　手疾眼快　耳闻目睹　头破血流
眉清目秀　袖手傍观　口出不逊　手无缚鸡之力

26.含有昆虫名称的成语

飞蛾扑火　金蝉脱壳　积蚊成雷　蟾宫折挂　蚕食鲸吞
蜻蜓点水　螳臂挡车　蛛丝马迹　螳螂捕蝉，黄雀在后

27.含有一组近义词的成语

见多识广　察言观色　高瞻远瞩　左顾右盼　调兵遣将
粉身碎骨　狂风暴雨　旁敲侧击　千辛万苦　眼疾手快
生龙活虎　惊天动地　七拼八凑　胡言乱语　改朝换代
道听途说

28.含有一组反义词的成语

千呼后拥　东倒西歪　眼高手低　口是心非　头重脚轻
有头无尾　前倨后恭　东逃西散　南辕北辙　左顾右盼

积少成多　同甘共苦　半信半疑　大材小用　先人后已
有口无心　由此及彼　天经地义　弄假成真　举足轻重
南腔北调　声东击西　转危为安　东倒西歪　反败为胜
以少胜多

29.多字格成语

九牛二虎之力　手无缚鸡之力　千里之行，始于足下
人不可貌相　千军易得，一将难求　天时地利人和
习惯成自然　一年之计在于春　久旱逢干雨
解铃还须系铃人　人无远虑，必有近忧　静如处女，动如脱兔
急来抱佛脚　麻雀虽小，五脏俱全
宁为鸡首，无为牛后　三人行必有我师　化干戈为玉帛

30.描写情况紧急的成语

千钧一发　刻不容缓　迫不及待　十万火急　火烧眉毛　燃眉之急

31.描写人物神态的成语

心旷神怡　心平气和　目不转睛　呆若木鸡　眉开眼笑
愁眉苦脸　愁眉紧锁　目瞪口呆　垂头丧气　嬉皮笑脸

32.描写英雄人物的成语

一身正气　临危不惧　光明磊落　堂堂正正　大智大勇
力挽狂澜　急中生智　仰不愧天　镇定自若　化险为夷

33.描写春天美好的成语

春光明媚　万紫千红　春雨如油　生机勃勃　春色满圆
春意盎然　鸟语花香　春暖花开　百花齐放　和风细雨

34.“想”的成语

苦苦地想（苦思冥想）　静静地想（静思默想）
想得周全（深思熟虑）　想得混乱（胡思乱想）
想得厉害（浮想联翩）　想得很多（左思右想）
想得荒唐（痴心妄想）　想得离奇（异想天开）
想了又想（朝思暮想）

35.“多”的成语

观众多（座无虚席） 贵宾多（高朋满座） 人很多（摩肩接踵）
人才多（人才济济） 兵马多（千军万马） 事物多（林林总总）
色彩多（五彩缤纷） 类别多（千差万别） 困难多（千辛万苦）
话儿多（滔滔不绝） 读书多（博览群书） 见识多（见多识广）
变化多（千变万化） 走得多（走南闯北） 颜色多（五颜六色）
花样多（五花八门）

36.带有“看”的近义词的成语

见多识广 望而生畏 察言观色 一视同仁 一览无余
高瞻远瞩 坐井观天 举世瞩目 管中窥豹 左顾右盼

（六）成语积累三

37.带有“龙”字的成语

生龙活虎 龙争虎斗 龙马精神 龙飞凤舞 龙腾虎跃
龙骧虎步 画龙点睛 龙潭虎穴 龙跃凤鸣 车水马龙

38.源自于寓言故事的成语

鹬蚌相争 刻舟求剑 鹏程万里 守株待兔
掩耳盗铃 亡羊补牢 惊弓之鸟 杯弓蛇影 抱薪救火

39.源自于历史故事的成语

安步当车 暗度陈仓 按图索骥 程门立雪 班门弄斧
兵不厌诈 三顾茅庐

40.首尾同字的成语

微乎其微 神乎其神 天外有天 痛定思痛 数不胜数
举不胜举 人外有人 防不胜防 忍无可忍 闻所未闻

41.带有鸟类名称的成语

欢呼雀跃 鸦雀无声 鹏程万里 一箭双雕 风声鹤唳 鹤发鸡皮
鹤发童颜 鹤立鸡群 麻雀虽小，五脏俱全 螳螂捕蝉，黄雀在后

42.成语接龙（“不”字开头）

不耻下问 问道于盲 盲人瞎马 马到成功 功败垂成 成人之美

美不胜收　收回成命　命中注定　定时炸弹　弹尽粮绝　绝无仅有
有机可乘　乘机而入　入木三分　分秒必争　争权夺利　利欲熏心
心安理得　得意扬扬

43.成语之最

（一日三秋）最短的季节。　（一落千丈）落差最大的瀑布。
（一字千金）最贵的稿酬。　（一本万利）最赚钱的生意。
（一手遮天）最大的手。　（一毛不拔）最吝啬的人。
（一步登天）最长的脚。　（一日千里）跑得最快的马。
（一尘不染）最干净的地方。　（一掷千金）最浪费的行为。
（一文不值）最便宜的东西。　（一身是胆）胆最大的人。
（千钧一发）最危险的时候。　（羊肠小道）最狭窄的路。
（一目十行）最快的阅读。　（天涯海角）最远的地方。
（无米之炊）最难做的饭。　（顶天立地）最高的个子。
（十全十美）最完美的东西。　（无可救药）最重的疾病。
（风驰电掣）最快的速度。　（晴天霹雳）最反常的天气。
（度日如年）最长的日子。　（一柱擎天）最长的棍子。
（气吞山河）最大的嘴。　（一步登天）最长的腿。
（顶天立地）最高的人。　（轻如鸿毛）最小的人。
（无孔不入）最尖的针。　（一言九鼎）最重的话。
（金玉良言）最贵重的话。　（一览无余）最宽的视野。
（脱胎换骨）最大的手术。　（包罗万象）最大的气量。
（天壤之别）最大的差异。　（天翻地覆）最大的变化。
（无米之炊）最难做的饭。　（风驰电掣）最快的速度。
（取之不尽）最多的资源。　（一日三秋）最短的季节。
（度日如年）最长的一天。　（无边无际）最大的地方。

44.反义成语

爱财如命——挥金如土　异口同声——众说纷纭　爱不释手——弃若敝屣
半途而废——坚持不懈　一丝不苟——粗枝大叶　博古通今——坐井观天
高瞻远瞩——鼠目寸光　寂然无声——鸦雀无声

45.近义成语

百发百中——百步穿杨　急功近利——急于求成　不求甚解——囫囵吞枣

白日做梦——痴心妄想　熙熙攘攘——熙来攘往　博古通今——博古知今

东倒西歪——东扶西倒　不名一钱——一贫如洗

46.根据书籍名称说出有关词语或俗语

《三国演义》：草船借箭　过五关，斩六将　一个愿打，一个愿挨　赔了夫人又折兵　舌战群儒

《红楼梦》：刘姥姥进大观园　林黛玉葬花

《西游记》：西天取经　猪八戒大闹高老庄　孙悟空三打白骨精

《水浒》：逼上梁山　林冲棒打洪教头　劫取生辰纲　武松打虎武大郎卖烧饼　三碗不过景阳岗

47.三字俗语类

（变色龙）立场不稳，见风使舵的人。（笑面虎）笑脸相迎，两面三刀的人。

（地头蛇）强横无赖，称霸一方的人。（铁公鸡）一毛不拔，吝啬钱财的人。

（哈巴狗）趋炎附势，百依百顺的人。（替罪羊）代人受过，替人挨揍的人。

（井底蛙）孤陋寡闻、知识不广的人。（孺子牛）鞠躬尽瘁、为民造福的人。

（千里马）得才兼备，大有作为的人。（纸老虎）比喻外强中干的人。

48.给动物安家

猪圈鸟巢蛇洞龙潭虎穴兔窝牛棚鸡笼马厩蚁巢狗窝

（七）成语积累四

49.数字成语

一唱一和　一呼百应　一干二净　一举两得　一落千丈　一模一样

一暴十寒　一日千里　一五一十　一心一意　两面三刀　三长两短

三番五次　三三两两　三头六臂　三心二意　三言两语　四分五裂

四面八方 四通八达 四平八稳 五光十色 五湖四海 五花八门
五颜六色 六神无主 七颠八倒 七零八落 七拼八凑 七上八下
七手八脚 七嘴八舌 八面玲珑 九死一生 九牛一毛 十马九稳
十全十美 百发百中 百孔千疮 百战百胜 百依百顺 千变万化
千差万别 千军万马 千山万水 千丝万缕 千辛万苦 千言万语
千真万确 千锤百炼 千方百计 千奇百怪 千姿百态 千钧一发
千虑一得 千虑一失 千篇一律 万水千山 万无一失 万众一心
万紫千红 万死一生

50.描写友情的成语

推心置腹 肝胆相照 情同手足 志同道合 风雨同舟 荣辱与共
同甘共苦 关怀备注 心心相印 海誓山盟 拔刀相助 亲密无间

51.描写花的成语

万紫千红 春暖花开 鸟语花香 姹紫嫣红 花红柳绿 百花争艳
锦上添花 火树银花 明日黄花 春花秋月 花团锦簇 花枝招展

52.描写山的成语

崇山峻岭 山明水秀 山穷水尽 大好山河 刀山火海 地动山摇
高山深涧 悬崖峭壁 峰峦雄伟 漫山遍野 江山如画 锦绣山河

53.描写颜色的成语

五彩缤纷 五颜六色 一碧千里 万紫千红 花红柳绿
翠色欲流 姹紫嫣红 五光十色 青红皂白 绿水青山

54.表示稀少的成语

不可多得 凤毛麟角 九牛一毛 绝无仅有 空前绝后 寥寥无几
寥若晨星 宁缺毋滥 前所未有 屈指可数 三三两两 铁树开花
微乎其微 一麟半爪 一丝一毫 百里挑一 沧海一粟 千古绝唱

55.描写热闹繁华的成语

摩肩接踵 车水马龙 川流不息 纷至沓来 花花世界 举袖为云
挥汗如雨 人山人海 络绎不绝 门庭若市 万人空巷 水泄不通
人声鼎沸 人欢马叫 震耳欲聋 座无虚席

56.描写丰富繁多的成语

包罗万象　琳琅满目　美不胜收　目不暇接　无奇不有　无穷无尽
无所不包　丰富多彩　五花八门　眼花缭乱　洋洋大观　一应俱全
应有尽有　应接不暇　比比皆是　星罗棋布　不可计数　层出不穷
绰绰有余　多多益善　多如牛毛　俯拾皆市　举不胜举　漫山遍野

57.含有“云”字的成语

九霄云外　腾云驾雾　壮志凌云　风云变幻　风起云涌　行云流水
过眼云烟　烟消云散　风卷残云　遮云蔽日　孤云野鹤　烘云托月

58.含有“雨”字的成语

大雨倾盆　血雨腥风　风雨交加　风调雨顺　枪林弹雨　风雨同舟
风雨无阻　未雨绸缪　和风细雨　狂风暴雨　满城风雨　滂沱大雨
春风化雨　风雨飘摇　斜风细雨

59.含有“水”字的成语

水流湍急　水平如镜　高山流水　千山万水　水滴石穿
水乳交融　滴水不漏　杯水车薪　洪水猛兽　流水无情

60.描写说的成语

直言不讳　无所顾忌　拐弯抹角　真心诚意　故弄玄虚　侃侃而谈
滔滔不绝　闲言碎语　虚情假意　推心置腹　旁敲侧击　喋喋不休
慢条斯理　含糊其词　唠唠叨叨　自圆其说　振振有辞　肆无忌惮
大言不惭　娓娓动听　绘声绘色　对答如流

61.描写人的容貌或体态的成语

闭月羞花　沉鱼落雁　出水芙蓉　明眸皓齿　美如冠玉　倾国倾城
国色天香　弱不禁风　鹤发童颜　眉清目秀　和蔼可亲　心慈面善
张牙舞爪　愁眉苦脸　冰清玉洁　污头垢面　雍容华贵　文质彬彬
威风凛凛　老态龙钟　虎背熊腰　如花似玉　容光焕发　其貌不扬
落落大方　骨瘦如柴　大腹便便　面黄肌瘦

62.描写人的语言的成语

口若悬河　对答如流　滔滔不绝　谈笑风生　高谈阔论
豪言壮语　夸夸其谈　花言巧语

63.描写人心理活动的成语

忐忑不安　心惊肉跳　心神不定　心猿意马　心慌意乱

七上八下　心急如焚

64.描写骄傲的成语

班门弄斧　孤芳自赏　居功自傲　目中无人　妄自尊大　忘乎所以

惟我独尊　自高自大　自鸣得意　自我陶醉　自命不凡　目空一切

65.描写谦虚的成语

不骄不躁　功成不居　戒骄戒躁　洗耳恭听　虚怀若谷　慎言谨行

66.描写学习的成语

学无止境　学而不厌　真才实学　学而不倦　发奋图强　废寝忘食

争分夺秒　孜孜不倦　笨鸟先飞　闻鸡起舞　自强不息　只争朝夕

不甘示弱　全力以赴　力争上游　披荆斩棘

67.描写人物品质的成语

奋不顾身　舍己为人　坚强不屈　赤胆忠心　不屈不挠　忠贞不渝

誓死不二　威武不屈　舍死忘生　肝胆相照　克己奉公　一丝不苟

两袖清风　见利忘义　永垂不朽　顶天立地　豁达大度　兢兢业业

卖国求荣　恬不知耻　贪生怕死　厚颜无耻

68.描写人物神态的成语

神采奕奕　眉飞色舞　昂首挺胸　惊慌失措　漫不经心

垂头丧气　没精打采　愁眉苦脸　大惊失色　炯炯有神

69.含有夸张成分的成语

怒发冲冠　一目十行　一日千里　一字千金　百发百中　一日三秋

一步登天　千钧一发　不毛之地　不计其数　胆大包天　寸步难行

70.含有比喻成分的成语

观者如云　挥金如土　铁证如山　爱财如命　稳如泰山　门庭若市

骨瘦如柴　冷若冰霜　如雷贯耳　守口如瓶　浩如烟海　高手如林

（八）成语积累五

71.一人传虚，万人传实：虚，没有的事。本无其事，因传说的人多，就使人信以为真。

72.一夫当关，万夫莫开：一个人把着关，一万个人也攻不开。形容地势险要，便于防守。

73.一叶障目，不见泰山：障，遮蔽。比喻被眼下细小事物所蒙蔽，因而看不到事物的全貌、主流及本质。

74.一则以喜，一则以惧：以，因为。一方面因而高兴，一方面因而恐惧。

75.一佛出世，二佛升天：形容死去活来。

76.一言既出，驷马难追：驷，古代一车所驾的4匹马，或4马拉的车。一句话说出口，4匹马拉的车也追不上。表示说出来的话就要算数。

77.一波未平，一波又起：一个浪头还没有平息，另一个浪头又起来了。原比喻诗文写得波澜起伏。后来也比喻一个麻烦问题没有解决，又出现新的麻烦问题。

78.一着不慎，满盘皆输：原指下棋时关键性的一步走错，以致全局都输了。比喻对全局有决定意义的问题，稍有不慎，处理不当，就会招致整个失败。

79.十目所视，十手所指：形容一个人的言行，总有许多人监督着，如有错误决不能隐藏。

80.十年树木,百年树人：树，培植。培养人才是长久之计，也表示培养人才是不容易的。

81.八仙过海,各显神通：神通,各种神妙莫测的能力，比喻本领。比喻在集体生活中各有各的办法或本领来完成共同的事业。

82.人为刀俎，我为鱼肉：刀俎，剁肉的刀和砧板。指宰割的工具。比喻别人掌握生杀大权，自己处在被宰割的地位。

83.人而无信，不知其可：信，信用。可，可以，行。一个人如果不讲信用，真不知那怎么能行。人不讲信用是不行的。

84.人非圣贤，孰能无过：圣贤，圣人或贤人，旧指智慧超群，才能出众的人；孰，谁。一般人不是圣人或贤人，谁能没有过错呢？

85.三十六策，走为上计：原指无力对抗敌人，以逃跑为上计。现多指摆脱困难处境。

86.三天打鱼，两天晒网：比喻学习或做事缺乏恒心，时常中断，不能坚持下去。

87.万事俱备，只欠东风：比喻样样都准备好了，就差最后一个重要条件。

88.上天无路，入地无门：形容走投无路的窘困境地。

89.上不着天，下不着地：形容两头没着落。

90.千里之行，始于足下：一千里的路程是从迈第一步开始的。比喻事情的成功都是由小而大逐渐积累的。

91.千里之堤，溃于蚁穴：溃，溃决，被大水冲破堤防；蚁穴，蚂蚁洞。千里的长堤，由于有小小的蚁洞而崩溃。比喻小事或小处不注意，就会酿成大祸或造成严重损失。

92.己所不欲，勿施于人：自己所不要的不要施加到别人身上。

93.天网恢恢，疏而不漏：天网，天道的网，指自然界的惩罚；恢恢，宽阔的样子。天道公平，作恶就要受惩罚，它看起来很稀疏。但绝不放过一个坏人。后形容坏人终于受到惩罚。

94.无源之水，无本之木：没有源头的水，没有根的树木。比喻没有基础、根源的事物。

95.不入虎穴，焉得虎子：焉，怎么。不进老虎洞，怎么能捉到小老虎？比喻不冒危险，不经历最难最苦的实践，就不能取得重大的成就。

96.不经一事，不长一智：不经历那件事，就不能增长关于那件事情的知识。一般用于经过失败取得教训的场合。

97.不塞不流，不止不行：没有堵塞的地方，就没有水的流淌；没有停止，就没有行动。

98.太公钓鱼，愿者上钩：心甘情愿地上圈套。

99.比上不足，比下有余：甘居中游，满足现状，不努力进取的思想。

100.日月经天，江河行地：像太阳和月亮每天经过天空，江河永远流经大地一样永恒。

101.仁者见仁，智者见智：对同一问题，仁者看见它，说它是仁；智者看见它，说它是智。比喻不同人有不同看法。

102.月晕而风，础润而雨：晕，日月周围出现的光环；础，柱子底下的石墩。月亮周围出现光环就要刮风，础石湿润了就要下雨。比喻事故或事件发生前的征兆。

103.文武之道，一张一弛：比喻工作的紧松和生活的劳逸要适当调节，有节奏地进行。

104.为虺弗摧，为蛇若何：虺，小蛇；摧，毁灭；若何，怎么办。小蛇不打死，成了大蛇怎么办？原来比喻要趁敌人羽翼未丰的时候，就把他消灭。后泛指敌人要及时除掉。

105.为渊驱鱼，为丛驱雀：渊，回旋的深水；丛，茂密的森林。把鱼赶到深潭中，把鸟赶到树林里，原来用来比喻反动统治者施行暴政，结果使百姓投奔别国。现指有时有些人实行闭关主义，把一些可以争取的人赶到对方去了。

106.尺有所短，寸有所长：尺比寸长，但和更长的东西相比就显得短；寸比尺短，但与更短的相比就显得长。比喻各有长处，也各有短处，彼此都有可取之处。

107.以子之矛，攻子之盾：比喻用对方论据来反驳对方。

108.以其昏昏，使人昭昭：以，用；其，他的。昏昏，暗，模糊，糊涂；昭昭，明白。用他那些模糊的理解去使人明白。现指自己糊里糊涂，却要指挥那些已懂世故的人。

109.以眼还眼，以牙还牙：用瞪眼回答瞪眼，用嘴咬对付嘴咬。比喻对方怎么来，就怎么反击。

110.只可意会，不可言传：只能用心去揣摩体会，无法用话语具体地表达、传诵。

111.四体不勤，五谷不分：四体，四肢；勤，劳作。不参加劳作，分不清五谷。形容脱离劳动，脱离群众。

112.生于忧患，死于安乐：忧患使人勤奋，因而得生；安乐使人怠惰，因而致死。

113.失之东隅，收之桑榆：东隅，日出之处；桑榆，日将落时，余晖在桑榆之间，指日落处。比喻在这边失败了，在那边得到胜利、收获。

114.头痛医头，脚痛医脚：比喻做事不从根本上解决或缺乏通盘计划，只是就事论事，忙于应付。

115.宁为玉碎，不为瓦全：宁可做玉器被打碎，也不做陶器得到保全。比喻宁愿为正义牺牲，也不愿苟全性命。

116.宁为鸡口，无为牛后：牛后，牛肛门。宁可小而洁，不愿大而臭。旧时比喻宁可在局面小的地方自主，不愿在局面大的地方任人摆布。

117皮之不存，毛将焉附：焉，哪里。连皮都没有了，毛又长在哪里呢？比喻基础没有了，建筑在此基础上的东西就无法存在。

118.老鼠过街，人人喊打：比喻害人的东西，人人痛恨。

119.有则改之，无则加勉：加，加以。根据群众所提的意见和批评，检查自己。有缺点错误，就予以改正；没有缺点错误，就加以勉励自己。

120.百尺竿头，更进一步：佛教用以比喻道行修养到极高境界。后泛指以勉励人们不要满足于已经取得的成就，还要继续努力，不断进步。

121.百花齐放，百家争鸣：百花齐放，比喻艺术上不同的形式和风格的自由发展；百家，指学术上的各种派别；鸣，比喻发表意见。百家争鸣，原来指我国战国时儒、道、墨、法、纵横、农、杂、阴阳、名（兵、小说）等各家，在政治上，学术上展开的各种争论。这里比喻科学上不同学派的自由争论。

122.百足之虫，死而不僵：百足虫，即马陆，切断后仍能蠕动。僵，硬。后用以比喻人虽死去，他的势力或影响仍然存在。

123.成也萧何，败也萧何：比喻事情的成败或好坏都由于同一个人。

124.成事不足，败事有余：非但不能把事情办好，反而往往把事情搞糟。也指办事不怀好意者。

125.当局者迷，旁观者清：当局者，下棋人；旁观者，观棋者。后用以比喻当事人往往因为对利害得失考虑得过多，看问题反而糊涂，旁观的人由于冷静、客观，却看得清楚。

126.同声相应，同气相求：相近的声音，互相应和；相同的气味，互相融合。比喻志趣相同的人自然结合在一起。

127.庆父不死，鲁难未已：庆父，春秋鲁庄公的弟弟，曾经一再制造鲁国内乱，先后杀掉两个国君。不把制造内乱的罪魁祸首清除，国家就不得安宁。

128.如闻其声，如见其人：像听到他的声音，看到他本人一样。比喻对人物刻画描写得栩栩如生。

129.运用之妙，存乎一心：运用得巧妙，全在于善于动脑子，用心思考。也指战争的胜败与指挥员能否根据实际情况，机动灵活地指挥有很大关系。

130.攻无不克，战无不胜：克，攻下。攻打城池，没有攻不下的；打仗没有不赢的。百战百胜。

131.来者不善，善者不来：来的就不善良，善良的就不来。强调来人不怀好意，要提高警惕。

132.兵来将挡，水来土掩：比喻不管对方使用什么计策手段，都有方法对付。也比喻针对具体情况采取相应措施。

133.近朱者赤，近墨者黑：比喻接近好人可以使人变好，接近坏人可以使人变坏。指环境对人有很大的影响。

134.言之无文，行而不远：文，文采。行，流传。说话要是没有文采，就流传不远。

135.言者无罪，闻者足戒：提意见的人只要出于善意，即使说得不正确，也是无罪；听取意见的人即使没有所批评的错误，也足以引以为鉴戒。

136.言者谆谆，听者藐藐：谆谆，教诲不倦的样子；藐藐，疏远的样子。说话的人不厌其烦地教诲，而听的人却不以为意。

137.君子一言，快马一鞭：表示干脆的一句话说定，不再反悔。

138.青出于蓝，而胜于蓝：靛青是从蓼蓝中提炼出来的，但颜色却比蓼蓝更深。比喻学生胜过老师或后人胜过前人。

139.取之不尽，用之不竭：拿不完，用不尽。形容非常丰富。

140.事不关己，高高挂起：认为事情与自己无关，就把它高高地挂在一边不管。

141.非我族类，其心必异：不是我们同族的人，他们的心一定同我们不一样（即不一条心）。原指对异族的疑忌。后也用以指责那种排斥异己的宗派活动。

142.呼之即来，挥之即去：一召唤就来，一挥手就去。指旧社会里役使别人，任意呼唤支配。

143.知无不言，言无不尽：只要是知道的，就没有不说；要说就没有一点保留。

144.金玉其外，败絮其中：外表像金玉，内里却尽是破棉絮。比喻虚有其表及外表好而实质坏的人或事。

145.放下屠刀，立地成佛：原为佛教劝人改恶从善的话，后用以比喻作恶的人决心悔改，不再为非作歹，就能成为好人。

146.视而不见，听而不闻：尽管睁着眼睛看，却什么也没有看见；尽管竖着耳朵听，但什么也没听到。表示不重视或不注意。

147.项庄舞剑，意在沛公：比喻说话或行动表面装作和平无事，实则想乘机害人。

148.城门失火，殃及池鱼：城门着火，人们到护城河打水救火。水干了，鱼也死了。比喻无缘无故受到连累，或伤及无辜的人。

149.面目可憎，语言无味：相貌丑陋或神情卑劣，使人厌恶；语言干巴巴的，没有味道。

150.持之有故，言之成理：故，根据。立论有根据，讲得有理据。

151.星星之火，可以燎原：一点小火星，可以烧遍整个原野。后来比喻有生命力的微小事物，发展前途非常广阔。现在比喻革命力量或新生事物最初虽然微小或尚在萌芽时期，但具有旺盛的生命力和广阔的发展前途。

152.看菜吃饭，量体裁衣：比喻根据具体情况处理问题，办理事情。

153.种瓜得瓜，种豆得豆：比喻造什么因，就得什么果。

154.重于泰山，轻于鸿毛：人类本来都有一死，有的死得比泰山还重大，有的死比鸿毛还轻微。

155.重足而立，侧目而视：双脚并拢，不敢移动；斜着眼睛看，不敢正视。形容非常恐惧的样子。

156.顺之者昌，逆之者亡：顺从他的人能够昌盛地存在，违背他的人就得灭亡。

157.食不厌精，脍不厌细：精，仔细舂过的好米；脍，切细的鱼和肉。厌，通“餍”，满足。形容对饮食很讲究。

158.将欲取之,必先与之：想要占有它，必先丢弃它。

159.帝王将相,才子佳人：封建帝王和他的文臣武将，统治阶级的少爷小姐。

160.差之毫厘，谬以千里：开头时错了一点点，结果就造成很大的错误。

161.前人栽（种）树，后人乘凉：比喻前人为后人造福。

162.前事不忘，后事之师：记取过去的经验教训，可以作为以后的借鉴。

163.扁担没扎，两头打塌：打塌，滑落下来。比喻本幻想一举两得，结果两头落空。

164.眉头一皱，计上心来：原来形容人经过思考，突然想出办法。现在用以说明人在脑子里运用概念以做出判断和推理的过程。

165.桃李不言，下自成蹊：桃树李树不对人打招呼，树下自然走出一条小路。比喻为人只要真诚、忠实，自然能打动人心。

166.高岸为谷，深谷为陵：比喻世事变迁，现多比喻一切事物在一定条件下都向其相反方面发展。

167.拳不离手，曲不离口：比喻经常勤学苦练，以求功夫纯熟。

168.兼听则明，偏听则暗：听取多方面的意见就能了解事情的真实情况，单听信一方面的话，自己就糊涂，事情就弄不清楚。

169.流水不腐，户枢不蠹：流动的水不会腐臭，经常转动的门轴不会被虫蛀。比喻经常运动的东西不易受到外物侵蚀，可经久不坏。

170.盛名之下，其实难副：声名极大的人，他的实际很难跟他的名声完全符合。现常用以提醒人们要有自知之明，经常想到自己的弱点、缺点和错误。

171.得道多助，失道寡助：坚持正义就能得到多方面的支持和帮助，违背正义必然陷于孤立。

172.欲加之罪，何患无辞：辞，指借口。指随心所欲地诬陷他人。

173.落花有意，流水无情：比喻一方有意，一方无情。（旧时多指恋爱事。）

174.智者千虑，必有一失：聪明人在许多次考虑中，总有一次会想错的。

175.道不拾遗，夜不闭户：遗，指遗失的东西。把东西丢失在路上也没有人捡去据为已有，夜晚不关门也没人来偷盗。

176.道高一尺，魔高一丈：魔，即魔罗。破坏善行的恶鬼，有时也指烦恼、疑惑、迷恋等妨碍修行的心理活动，即所谓“迷障”。原来是我佛用以警告修行的人警惕外界诱惑的一种说法，也比喻取得一定成果后的障碍更大。

177.蓬生麻中，不扶自直：蓬草生长在乱麻田中，而不用扶助，自然长得挺直。比喻人生活在坏人中，也能成为好人。

178.愚者千虑，必有一得：笨人多次考虑总有一点收获。后来用作所见很少的客套话。

179.路见不平，拔刀相助：形容见义勇为、积极援助被欺负者的行动。

180.窥测方向，以求一逞：逞，快意、如愿。偷偷地探测方向，妄图达到反动的目的。

181.静如处子，动如脱兔：形容未行动时象旧时未出嫁的闺女那样端庄持重，不动声色；一旦行动起来就像脱逃的兔子那样敏捷。

182.嘤其鸣矣，求其友声：鸟在嘤嘤地叫唤，这是它寻找朋友的声音。比喻需要意气志趣相投的朋友。

第三节　标点符号

标点符号的记忆主要采取的是顺口溜或者说口诀，要理解后再多读，背不背诵关系并不大，因为你理解后又多读了就能记住标点符号的用法等。

标点符号分为标号和点号两类，9种标号和7种点号。

9 种标号

引号、括号、破折号、省略号、着重号、连接号、间接号、书名号、专名号。

分析：

引号、括号、破折号（引勾破）

省略号、着重号、连接号（省略号着重连接）

间接号、书名号、专名号。（见书转）

记忆口诀：（引勾破）（省略号着重连接）（见书转）

7 种点号

句号、问号、叹号、逗号、顿号、冒号、分号。

记忆口诀：句问叹逗顿冒分。

标点符号用法顺口溜

（一）文言标点

文言标点虽较难，关键词语可帮忙：盖夫大多在句首，于而一般在中间；邪乎经常表疑问，曰后冒号哉后叹；者也作用表停顿，或逗或句看情况。对偶对比排比句，也是断句好地方；标点完毕细查看，不要漏断或误断。

（二）标点符号用法总歌诀

写文章要会标点，切记规则莫等闲。句中停歇顿、逗、分，句尾通常句、问、叹。

冒号作用有两种，提示后，总括前。解释说明用破折，或者表示话题转。省略号，表删节，语意未尽思绪远。直引他言用引号，名言为证新意添。引中引，书中书，外用双引内用单。括号注释非正文，顺承上文来标点。说完规则说文面，书写要求规定严。每行首格位置显，标点一般不能占。引、括、书名前一半，可占首格有特权；这前一半要记住，勿现每行最末端。省略破折最自由，占两格，一体连，只要不分为两半，写在哪都不受限。小小标点大门面，用好写对很关键，愿您熟记巧应用，以助文章更耐看。

（三）常用标点口诀

1. 问号

第一注意选择问，全句末尾才用问。第二注意倒装问，全句末尾也用问。第三注意特指问，每句末尾都用问。第四注意无疑问，陈述语气不用问。

2. 感叹号

关键注意倒装叹，全句末尾才用叹。

3. 顿号

大并套小并，大并逗，小并顿。并列谓和并列补，中间不要去打顿。

集合词语连得紧，中间不要插进顿。概数约数不确切，中间也别带上顿。

4. 分号

分句内部有了逗，分句之间才用分。

5. 冒号

提示下文用冒号，总结上文要带冒。

6. 引号

引用之语未独立，标点符号引号外。引用之语能独立，标点符号引号里。

7. 括号

注释局部紧贴着，注释整体隔开着。

易错标点符号用法顺口溜

1. 句号

句号是个小圆圈，表示句字意思完，陈述句末要使用，祈使用它气舒缓。

2. 问号

问号须加有疑处，不看“谁”“哪”“为什么”，只有反问是例外，其他一概不照顾。

3. 逗号

分句之间表间隔，句内用它意未尽，
主谓、动宾关系明，状语后边作停顿。

4. 顿号

句内词语若并列，停顿使用“瓜子点”，
两数相连表约数，中间顿号不能添。

5. 分号

各项内容分行列，分句之间表并列，
其他复句用分号，好把第一层次显。

6. 冒号

冒号形式两圆点，提起下文与总结，
一个句子用一个，套用来两个应避免。

7. 引号

强调、引用、特殊义，引号“关门”作标志，
引文末尾怎标点？独立使用放里边。

8. 括号

句内句外分两种，括号位置不相同，
注释词语紧相连，释句放在句后边。

9. 破折号

解释、拖音、换话题，事项分承来排列，

解说若在句中间，可以前后都出现。

10. 省略号

省略号儿六圆点，句、问、叹号可留前，

“等”或“等等”若使用，“六点”不能再出现。

11. 书名号

书报刊物文章名，使用标点“两头尖”，

会议、节日、车船号，可用引号莫纠缠。

第四节　句子速记

曾经我听到很多家长抱怨自己的孩子背诵学习园地的几句话都花了很多时间，有的甚至30分钟都背不熟5句话，而且忘得也很快，这让我们觉得一定是他们的记忆方法出了问题。那么我们该如何有效地记忆语文学习园地里的句子呢？答案一样是使用我们前面章节讲过的万能记忆。下面是小学语文学习园地的句子，大家看如何进行挑战，可以先读个三五遍喔。

1.花要叶扶，人要人帮。

2.赠人玫瑰，手有余香。

3.帮助别人的人，能得到别人的帮助。

4.诚心能叫石头落泪，实意能叫枯木发芽。

5.聪明在于学习，天才在于积累。（列宁）

6.世上无难事，只要肯攀登。（毛泽东）

7.为中华之崛起而读书。（周恩来）

8.任何成就都是刻苦劳动的结果。（宋庆龄）

9.书籍是人类进步的阶梯。（高尔基）

10.天对地，雨对风，大陆对长空。

11.山花对海树，赤日对苍穹。

12.秋月白，晚霞红，水绕对云横。

13.雨中山果落，灯下草虫鸣。

14.万壑树参天，千山响杜鹃。（王维）

15.漠漠水田飞白鹭，阴阴夏木啭黄鹂。（王维）

16.雨里鸡鸣一两家，竹溪村路板桥斜。（王维）

17.穿花蛱蝶深深见，点水晴蜓款款飞。（杜甫）

18.池上碧苔三四点，叶底黄鹂一两声。（晏殊）

19.绳在细处断，冰在薄处裂。

20.亲身下河知深浅，亲口尝梨知酸甜。

21.莫看江面平如镜，要看水底万丈深。

22.花盆里长不出苍松，鸟笼里飞不出雄鹰。

23.日日行，不怕千万里；常常做，不怕千万事。

句子速记使用万能记忆，万能记忆 = 熟悉 + 转换 + 连接 + 复习

1.**熟悉：**熟读所记内容三五遍，并理解和找出关键词。这一步骤是最不可或缺的，一定要熟读以减少后面的记忆压力。

2.**转换：**把关键词或整句话转为影像或场景

3.**连接：**把影像或场景连接起来，可以使用故事、连锁或定位。这一步骤尽量做到想象出对应的连接画面，画面清晰更方便后面的回忆。

4.**复习：**复习记忆的内容，并尝试还原和背诵原文。

实战例子

1.第一组

（1）花要叶扶，人要人帮。（关键词：花）

（2）赠人玫瑰，手有余香。（关键词：玫瑰）

（3）帮助别人的人，能得到别人的帮助。（关键词：别人）

（4）诚心能叫石头落泪，实意能叫枯木发芽。（关键词：石头）

（5）任何成就都是刻苦劳动的结果。（宋庆龄）（关键词：劳动）

（6）书籍是人类进步的阶梯。（高尔基）（关键词：书籍）

熟悉：熟读所记内容三五遍，并理解和找出关键词。（已经表示在句子后面的括号。）

转换：把关键词或整句话转为影像或场景。（这里的关键词比较好影像，直接影像。）

连接：花玫瑰给别人，石头学习攀登去读书，然后使用劳动搬运书籍。

复习：大家按照上面的连接“花玫瑰给别人，石头学习攀登读书，然后使用劳动搬运书籍。”来按照关键词还原句子，比如由“花”回想到“花要叶扶，人要人帮。”等。如果一两次不能还原，慢慢多练几次就可以还原了。具体如下：

花——花要叶扶，人要人帮。

玫瑰——赠人玫瑰，手有余香。

别人——帮助别人的人，能得到别人的帮助。

石头——诚心能叫石头落泪，实意能叫枯木发芽。

劳动——任何成就都是刻苦劳动的结果。（宋庆龄）

书籍——书籍是人类进步的阶梯。（高尔基）

2.第二组

（1）天对地，雨对风，大陆对长空。（天地）

（2）山花对海树，赤日对苍穹。（山花）

（3）秋月白，晚霞红，水绕对云横。（秋月）

（4）雨中山果落，灯下草虫鸣。（雨水）

熟悉：熟读所记内容三五遍，并理解和找出关键词。（已经表示在句子后面的括号。）

转换：把关键词或整句话转为影像或场景。（这里的关键词比较好影像，直接影像。）

连接：天地的山花看到秋月和雨水。

复习：大家按照上面的连接“天地的山花看到秋月和雨水”，按照关键词还原句子。具体如下：

天地——天对地，雨对风，大陆对长空。

山花——山花对海树，赤日对苍穹。

秋月——秋月白，晚霞红，水绕对云横。

雨水——雨中山果落，灯下草虫鸣。

3.第三组

（1）万壑树参天，千山响杜鹃。（王维）（参天树）

（2）漠漠水田飞白鹭，阴阴夏木啭黄鹂。（王维）（水田）

（3）雨里鸡鸣一两家，竹溪村路板桥斜。（王维）（公鸡）

（4）穿花蛱蝶深深见，点水晴蜓款款飞。（杜甫）（蛱蝶）

（5）池上碧苔三四点，叶底黄鹂一两声。（晏殊）（池上）

熟悉：熟读所记内容三五遍，并理解和找出关键词。（已经表示在句子后面的括号。）

转换：把关键词或整句话转为影像或场景。（这里的关键词比较好影像，直接影像。）

连接：参天树在水田，水田上有公鸡追蛱蝶到池上。

复习：大家按照上面的连接“参天树在水田，水田上有公鸡追蛱蝶到池上”来按照关键词还原句子。具体如下：

参天树——万壑树参天，千山响杜鹃。（王维）

水田——漠漠水田飞白鹭，阴阴夏木啭黄鹂。（王维）

公鸡——雨里鸡鸣一两家，竹溪村路板桥斜。（王维）

蛱蝶——穿花蛱蝶深深见，点水晴蜓款款飞。（杜甫）

池上——池上碧苔三四点，叶底黄鹂一两声。（晏殊）

4.第四组

采取同样的方式来记忆，还是采取万能记忆四步法，不过有些步骤因为比较容易理解就省略了。

（1）绳在细处断，冰在薄处裂。（绳子）

（2）亲身下河知深浅，亲口尝梨知酸甜。（下河）

（3）莫看江面平如镜，要看水底万丈深。（镜）

（4）花盆里长不出苍松，鸟笼里飞不出雄鹰。（花盆）

（5）日日行，不怕千万里；常常做，不怕千万事。（日日行）

连接：绳子下河看到镜子在花盆上日日行走。

第五节　文学常识

文学常识，之所以叫作常识是因为它是几乎不变的，李白是唐朝的诗人就会一直都是唐朝的诗人，大李杜说的就是李白和杜甫。既然是固定的内容，那么同样道理，中学生和小学生都可以提前积累，把文学常识背下来。背下文学常识，我们就会发现所学的内容都有一个大背景，学习的内容都有所根据，在阅读的时候更能把握文章的思想。文学常识的记忆和背诵我们主要采取字头法和故事画面法，这两种方法都很好用，而且我们把文学常识进行了大量的归类和分组，那样记忆压力也会比较小。

中国古代文学

（一）第一

第一组

1.第一部纪传体通史《史记》——鸡转体变成死鸡。

2.第一部编年体史书《春秋》——编了一年就是编了一个春秋。

3.第一部语录体著作《论语》——孔子语录就是论语的主要内容。

4.第一部日记体游记《徐霞客游记》——徐霞客喜欢游玩因此也写了很多日记。

5.第一部断代史《汉书》——男子汉断代了。

第二组

6.第一部国别史《国语》——说国语就是国家的历史。

7.第一部兵书《孙子兵法》——孙子兵法是兵书传奇。

8.第一部大百科全书《永乐大典》——大百科看了永远快乐，还要举行大典。

9.第一部文学批评专著《典论・论人》曹丕——曹丕最喜欢批评人，所以写了典论来论人。

10.第一部文学理论和评论专著南北朝梁人刘勰xi é《文心雕龙》——文学理论看文学，文学评论看雕龙。

第三组

11.第一部诗歌理论和评论专著南北朝梁人钟嵘《诗品》——诗歌的品论就是诗歌的理论和评论。

12.第一部科普作品，以笔记体写成的综合性学术著作北宋沈括的《梦溪笔谈》

记忆：科普作家沈括梦在溪边跟笔谈话。

13.第一部介绍进化论的译作《天演论》严复译的赫胥黎的——进化要靠天的演变。

14.第一部字典《说文解字》——字典最重要的功能就是说文解字啦。

15.第一部词典《尔雅》——词典给尔（你），很优雅。

第四组

16.第一部诗歌总集《诗经》——唱诗歌变成诗的神经。

17.第一部神话集《山海经》——山海上有很多神话故事。

18.第一部文言志人小说集《世说新语》——有颗痣的人在世界上说的都是新语。

19.第一部文言志怪小说集《搜神记》——有颗痣的怪物在搜索神经病。

20.第一部个人创作的文言短篇小说集蒲松龄《聊斋志异》——蒲松龄个人的短小说很吓人，聊鬼灾的。

第五组

21.第一部记录谋臣策士门客言行的专集《战国策》——战国的策略是谋臣策士出的。

22.第一部专记个人言行的历史散文《晏子春秋》——晏子每个春秋都是个人去玩。

23.第一部文选《昭明文选》——文选要照明灯照亮了才能选。

24.第一部浪漫主义神话小说《西游记》——去西游很浪漫。

25.第一首长篇叙事诗《孔雀东南飞》——孔雀东南飞很长写的是爱情故事。

第六组

26.第一篇长篇讽刺小说清代吴敬梓《儒林外史》——儒林的人被人讽刺。

27.第一位伟大的爱国诗人屈原——胃大的爱国诗人屈原，很多饭。

28.第一位女诗人庄姜——女诗人最喜欢吃庄稼，特别是姜。

29.第一位田园诗人陶渊明（东晋）——陶渊明（淘气的烟民）在田园潇洒抽烟。

（二）文人之最

1.最伟大的浪漫主义诗人唐朝的李白——李白这个小白脸很浪漫。

2.最伟大的现实主义诗人唐朝的杜甫——豆腐（杜甫）是很现实的，可以吃。

3.最杰出也最早的边塞诗人高适、岑参——在边塞晒的黑黑的是高参（高适、岑参）

4.最杰出的豪放派词人北宋的苏轼——苏轼也叫苏东坡，东坡大唱黄土高坡。

5.最杰出的女词人南宋的李清照——李清照是古代四大才女之一，擅于作词。

6.最著名的爱国词人南宋的辛弃疾——爱国的词语背得最多的是辛弃疾（辛辛苦苦抛弃疾病）

7.写诗最多的爱国诗人南宋的陆游——路由器存了最多诗歌。

（三）作品之最

1.最早的语录体散文《论语》——论语是孔子及其弟子的语录，很零散。

2.最早的编年体史书《左传》——向左转时被鞭打一年身体。

3.最早的农民起义长篇小说施耐庵的《水浒传》——水浒传108将大都是农民。

4.最著名的长篇历史小说罗贯中的《三国演义》——描述三国时期故事的小说就是它。

5.最伟大的现实主义长篇小说曹雪芹的《红楼梦》——小说红楼梦的林黛玉很现实。

6.最杰出的铭文是唐代刘禹锡《陋室铭》——陋室铭最后一个字是铭。

（四）文人名誉

一数

北朝书法家“北圣”的郑道昭——北圣走歪道，正道找（郑道昭）不到。

二数

1.儒家二圣：孔子（至圣）、孟子（亚圣）——孔孟一家。

2.文章西汉两司马：司马迁、司马相如——两死马喝千香乳。

3.大李杜：李白、杜甫——礼拜豆腐吃了肚子很大。

4.小李杜：李商隐、杜牧——吃李子上瘾的度母度量很小。

5.边塞诗人：高适、岑参——高参

6.山水田园诗人：王维、孟浩然——在田园里王维和梦好圆。

7.宋词豪放派：苏轼、辛弃疾——苏辛——苏醒

8.宋词婉约派：李清照、柳永、周邦彦——李清照说柳永喜欢喝粥（周）和绑人（邦彦）。

三数

1.三曹曹操、曹丕、曹植——曹操及两个儿子曹丕和曹植。

2.三班父子：班固、班昭、班彪——固招标。

3.南朝三谢：谢灵运、谢惠连、谢朓——谢灵运会连跳。

4.一门父子三词客，千古文章四大家：

三词客：苏洵、苏轼、苏辙（三苏）——巡视着。

四大家：唐朝韩愈和柳宗元；宋朝欧阳修合苏轼——韩柳欧苏。

四数

1.战国四君：赵国的平原君、魏国的信陵君、楚国的春申君、齐国的孟尝君。

记忆：平原信陵君（做）春梦。

2.初唐四杰：骆宾王、杨炯、卢照邻、王勃——洛阳卢王四结伴出池塘了。

3.北宋文坛四大家：王安石、欧阳修、苏轼、黄庭坚——欧阳羞与王安石到苏轼家的黄庭。

4.宋中兴四诗人：陆游、杨万里、尤袤mào、范成大——路有羊油饭。

5.元曲四大家：郑光祖、关汉卿、白朴、马致远——正关白马在唱元曲。

6.元末明初吴中四杰：高启、徐贲bēn、张羽、杨基

记忆：高启和徐贲bēn很张扬。

7.江南四大才子：唐伯虎、祝枝山、文徵明、周文宾——糖煮温州。

8.苏门四学士：黄庭坚、秦观、晁cháo补之、张耒lěi

记忆：黄庭坚的庭院、秦观的道观和晁补之的老巢都脏了。

五数

唐五大书法家：欧阳洵、张旭、褚chǔ遂suì良、柳公权、颜真卿

记忆：欧阳长出柳颜（柳岩）。

六数

苏门六君子：黄庭坚、秦观、晁cháo补之、张耒lěi、陈师道、李廌biāo

记忆：黄庭坚的庭院、秦观的道观和晁补之的老巢都脏了，有陈屎和李子。

七数

1.竹林七贤：山涛、嵇康、王戎、刘伶、向秀、阮籍、阮咸——山机王刘翔软软。

2.建安七子：孔融、陈琳、王粲、徐干、阮瑀、应瑒（yáng）、刘祯——孔陈王刘阮应徐（留软硬胡须）。

八数

1.唐宋八大家：韩愈、柳宗元、王安石、曾巩、欧阳修、苏洵、苏轼、苏辙

记忆：韩柳王曾欧（打）三苏。

2.饮中八仙：李白、李适之、李琎、张旭、崔宗之、焦遂、贺知章、苏晋

记忆：三李（白湿巾）张嘴叫喝尽。

3.蜀中八仙：李耳、李八百、尔朱先生、董促舒、容成公、张道陵、范长生、严君平

记忆：李耳李尔动员张犯人。

4.扬州八怪：黄慎、金农、罗聘、李方膺、郑燮、高翔、汪士慎、李鳝

记忆：黄金萝莉正告汪李。

十数

历史上十大女诗人：谢道韫、薛涛、班婕妤（班固之祖姑）、朱淑贞、左芬（左思之没）、李清照、秋瑾、苏惠、鲍令晖（鲍照之妹）、蔡琰、

记忆： 谢谢帮助这里秋收包菜。

（五）作品名誉

二数

1.乐府双璧：《木兰辞》《孔雀东南飞》——木兰辞别和孔雀东南飞

2.乐府三绝：《木兰辞》《孔雀东南飞》《秦妇吟》——为木兰辞别和孔雀东南飞遇到秦妇在吟诗。

3.史学双璧：《史记》《资治通鉴》——历史记者拿着工资治理铜件。

4.二拍——《初刻拍案惊奇》《二刻拍案惊奇》（凌蒙初）——初和二

5.先秦时期的两大显学：儒和墨——被秦始皇辱没了。

三数

1.《春秋》三传：左传公羊传谷梁传——左边的公羊在吃谷粮。

2.三言——冯梦龙的《喻世明言》《警世通言》《醒世恒言》——狱警醒——渔民、精通、星恒

3.三吏——新安吏潼关吏石壕吏——新潼石——新同事。

4.三别——新婚别垂老别无家别——新婚后垂老就注定无家。

5.儒家经典三礼：仪礼周礼礼记——一周里。

6.三大国粹：京剧中医中国画——唱京剧的中医在画中国画。

7.郑板桥的三绝：绘画诗作书法——郑板桥画师叔。

四数

1.书四库：经史子集——警示自己。

2.四书：大学中庸孟子论语——大学重用孟子读论语。

3.四史：《史记》《汉书》《后汉书》《三国志》——记忆：世纪汉书后面有三颗痣。

4.元代四大戏剧：关汉卿《窦娥冤》王实甫《西厢记》汤显祖《牡丹亭》洪升《长生殿》

记忆： 窦娥在西厢种牡丹生长很好。

5.元杂剧的四大爱情剧：《荆钗记》《白兔记》《拜月亭》《杀狗记》

记忆： 拿荆钗记的白兔记在拜月亭杀狗。

6.四大谴责小说：《二十年目睹之怪现状》《官场现形记》《老残游记》《孽海花》

记忆：二十年官场老残在孽海花。

7.四大民间传说：《牛郎织女》《孟姜女》《白蛇与许仙》《梁山伯与祝英台》

分析：天上《牛郎织女》长城《孟姜女》湖边《白蛇与许仙》学堂《梁山伯与祝英台》

记忆：天上《牛郎织女》到了长城变成《孟姜女》，来到湖边就变成湖边《白蛇与许仙》，再来到学堂就是《梁山伯与祝英台》。

8.四大名著：施耐庵《水浒传》罗贯中《三国演义》吴承恩《西游记》曹雪芹《红楼梦》

记忆：水三西红——水浒传好汉去三国演义，碰到西游的猪八戒在红楼做梦。

五数

1.五经：诗书礼易春秋，加上“乐”就是“六艺经传”

2.五音：宫商角徵zh ǐ 羽——工伤觉知雨。

3.五大奇书：施耐庵《水浒传》罗贯中《三国演义》吴承恩《西游记》曹雪芹《红楼梦》《金瓶梅》

记忆：水三西红金。

六数

1.诗经六法：风雅颂；赋比兴——风雅送给赋比兴。

2.六子全书：《老子》《庄子》《荀子》《列子》《扬子法言》《文中子中说》

记忆：老庄训练洋文。

十数

1.十大古典喜戏：

《看钱奴》《李逵负荆》

《墙头马上》《中山狼》

《幽阁记》《西厢记》

《风筝误》《绿牡丹》《玉簪记》《救风尘》

记忆：看钱奴李逵在墙头马上骑着中山狼去幽阁西厢抢风筝线上的绿牡丹里的玉簪上的风尘。

2.十大古典悲剧：

《汉宫秋》《长生殿》《雷峰塔》

《赵氏孤儿》《窦娥冤》

《桃花扇》《精忠旗》《清忠谱》

《娇红记》《琵琶记》

记忆：宫殿塔的赵氏孤儿窦娥拿着桃花扇和棋谱叫娇红弹琵琶。

十三数

十三经：

《诗经》《尚书》《仪礼》《周礼》《礼记》《易经》

《孝经》《尔雅》

《论语》《孟子》《左传》《公羊传》《谷梁传》

记忆：诗书礼易笑尔论语里的孟子左传了公羊的谷梁。

解释：诗书礼（《仪礼》《周礼》《礼记》）易笑（《孝经》）尔论语里的孟子左传了公羊的谷梁。

中国现当代文学

（一）文人

1.第一位开拓童话园地的作家：叶圣陶——童话世界有位拿大叶子的圣人在吃桃子。

2.第一位获得人民艺术家称号：老舍《龙须沟》——人民艺术家老是舍不得去龙须沟玩。

3.现代文坛的双星：郭沫若鲁迅——过路——路过

4.当代文学时尚的三大散文作家：刘白羽杨朔秦牧——秦牧刘白羽杨朔——秦刘杨——请留洋。

5.四大名旦：梅兰芳程砚秋尚小云荀慧生——尚小云程砚秋荀慧生梅兰

芳——商城寻梅。

（二）作品

一数

1.新文学史上第一篇短篇小说：《狂人日记》——新小说让人很疯狂。

2.第一篇报告文学：夏衍《包身工》——报告，有个包身工摔倒了。

3.中国的第一部电影是京剧《定军山》——电影定在军山上放映。

二数

两篇《狂人日记》——的作者分别是：鲁迅和俄罗斯的果戈理——鲁迅把水果搁这里。

三数

1.郭沫若女神三部曲：《女神之再生》《棠棣之花》《湘累》——郭沫若的女神和堂弟相爱很累。

2.鲁迅的三部短篇小说集：《呐喊》《彷徨》《故事新编》——鲁迅彷徨呐喊故事。

3.老舍《四世同堂》三部曲：《饥荒》《偷生》《惶惑》——老舍饥荒的时候偷生都觉得惶惑。

4.巴金爱情三部曲：雾雨电——爱情无雨点。

5.巴金激流三部曲：家春秋——激流在家，季节是春秋。

6.茅盾“蚀”三部曲：幻灭动摇追求——蚀幻灭了，动摇人们的追求。

7.茅盾农村三部曲：春蚕秋收残冬——农村春天养蚕，秋天丰收，冬天很残酷。

十数

中国十大著名歌剧：

《白毛女》《江姐》

《刘胡兰》《刘三姐》

《王贵和李香香》《小二黑结婚》

《洪湖赤卫队》《草原之歌》《红珊瑚》《红霞》

记忆：《白毛女》《江姐》和《刘胡兰》《刘三姐》为《王贵和李香

香》这《小二黑结婚》唱《洪湖赤卫队》的《草原之歌》，即《红霞》和《红珊瑚》。

世界文学

1.荷马史诗：《伊利亚特》《奥德赛》——《伊利的牙特别，到奥地利和德国比赛》。

2.高尔基自传体三部曲：《童年》《在人间》《我的大学》——高尔基童年的时候在人间读我的大学。

3.莎士比亚三大传奇剧：《辛白林》《冬天的故事》《仲夏夜之梦》——莎士比亚冬天的故事就是在仲夏夜的时候辛苦种白树林。

4.莎士比亚四大悲剧：《哈姆雷特》《李尔王》《麦克白》《奥赛罗》——哈姆雷特是李尔王，他和麦克白在奥地利比赛。

5.世界文学中的四大吝啬鬼：阿巴贡葛朗台泼留希金夏洛克——阿葛泼夏——阿葛泼下。

文学常识顺口溜

（一）先秦文学

先秦文学有两元，现实主义和浪漫。
《诗经》分为风雅颂，反映现实三百篇，
手法牢记赋比兴，名篇《硕鼠》与《伐檀》。
浪漫主义是《楚辞》，《离骚》作者为屈原。
先秦散文有两派，诸子、史书要记全。
儒墨道法属诸子，各有著作传世间，
儒家《论语》及《孟子》，墨家《墨子》见一斑，
道家《老子》及《庄子》，发家韩非著名篇。
历史散文有两体，分为“国别”和“编年”；
前者《国语》《战国策》，后者《春秋》与《左传》。

（二）两汉魏晋南北朝文学

两汉魏晋南北朝，诗歌成就比较高：
“乐府双壁”人称赞，建安文学推“三曹”；
田园鼻祖是陶潜，“采菊”遗风见节操。
《史记》首开纪传体，号称“无韵之离骚”；
班固承续司马意，《汉书》断代创新招。
贾谊雄文《过秦论》，气势酣畅冲云霄；
“出师”二表名后世，《桃花源记》乐逍遥。
辞赋盛行多空洞，张衡《二京》似惊涛。
文学批评也兴起，《文心雕龙》真高超。
骈文追求形式美，小说起尚粗糙。

（三）唐代文学

唐代鼎盛累如山，“初唐四杰”不平凡；
王杨卢骆创格律，律诗、绝句要记全。
浪漫诗人推李白，一路高歌《蜀道难》。
现实主义有杜甫，“三吏”“三别”不一般。
乐天倡导新乐府，“琵琶”“长恨”留名篇。
田园诗派有王、孟、高、岑诗歌唱塞边。
中唐李贺多奇丽，贾岛“推敲”传世间。
晚唐崛起“小李杜”，此后衰败如尘烟。
韩柳古文创新体，《阿房宫赋》唱千年。
唐代传奇已成熟，代表作推《柳毅传》。

（四）宋代文学

宋代文学词泱泱，分成婉约与豪放。
柳永秦观李清照，风花雪月多伤感。
苏轼首开豪放派，“大江东去”气昂昂；
爱国诗人辛弃疾“金戈铁马”势高扬。
三苏、王、曾，欧阳修，继承韩、柳写文章。

范公作品虽不多，《岳阳楼记》放光芒；
南宋诗人陆放翁，《示儿》犹念复家邦；
人生自古谁无死？后人感怀文天祥。
编年通史第一部，《资治通鉴》司马光。
《梦溪笔谈》小百科，作者沈括美名扬。

（五）元明清文学

元代散曲分两种，小令、套数各不相同。
杂剧代表四大家，成就首推关汉卿：
窦娥悲剧传千古，人物形象最鲜明；
其余三家郑马白，还有《西厢》留美名。
明清戏剧精品多《桃花扇》及《牡丹亭》。
长篇都是章回体，“四大名著”是高峰。
《儒林外史》不能忘，《聊斋志异》多流行。
尚有短篇拟话本，编订“三言”冯梦龙。
方苞开创姚鼐继，散文流派叫桐城。
清末大家龚自珍《已亥杂诗》劝天公。

第六节　古诗背诵和古诗鉴赏

很多语文老师曾经和我们谈过，说学生背古诗总体都还行，短篇四五句话的背得很快，但忘得也很快，长篇的则很难背下来，就算好不容易背下来了也很容易忘记。针对中小学生出现的这些背诵问题我们应该怎么解决呢？办法有很多，但我想大家如果认真学习了句子怎么记忆，那么很自然的想到万能记忆，是的，一切内容都可以使用万能记忆。下面给大家展示两篇古诗，一长一短，大家看如何进行挑战。

古诗词速记方法，依然是万能记忆，万能记忆 = 熟悉 + 转换 + 连接 + 复习

1.熟悉：熟读所记内容三五遍，并标示关键词。

2.转换：把关键词或整句话转为影像或场景。

3.连接：把关键词连接起来（故事、连锁或定位）。

4.复习：复习记忆的内容，根据第三步的连接的故事尝试还原和背诵原文。

过故人庄　唐　孟浩然

故人具鸡黍，邀我至田家。

绿树村边合，青山郭外斜。

开轩面场圃，把酒话桑麻。

待到重阳日，还来就菊花。

实战分析：

1.**熟悉**：熟读所记内容三五遍，并标示关键词（画横线）。

2.**转换**：把每一句古诗或它的关键词转换成画面或场景。

故人具鸡黍——老朋友准备了鸡肉和黄米饭

邀我（招手）至田家——招手邀请我去他家

绿树村边合——绿色的树木在村边围起来

青山郭外斜——青山的轮廓向外倾斜

开轩（开饭）面场圃——摆桌吃饭的时候面对着庄稼

把酒（酒杯）话桑麻——拿着酒杯喝酒并谈论桑树和麻树

待到重阳日（太阳）——等到重阳节的时候（太阳出来的状态）

还来就菊花——还要来看菊花

3.**连接**：把关键词或每句古诗的场景连接起来，这里我们就把关键词连接起来。

古人用手把绿树种在青山，然后开饭喝酒看太阳和菊花。

4.**复习**：复习记忆的内容，并尝试还原和背诵原文。

古人——故人具鸡黍

用手——邀我至田家

绿树——绿树村边合

青山——青山郭外斜

开饭——开轩面场圃

喝酒——把酒话桑麻

太阳——待到重阳日

菊花——还来就菊花

茅屋为秋风所破歌　杜甫

八月秋高风怒号，卷我屋上三重茅。

茅飞渡江洒江郊，高者挂罥长林梢，

下者飘转沉塘坳。南村群童欺我老无力，

忍能对面为盗贼。公然抱茅入竹去，

唇焦口燥呼不得，归来倚杖自叹息。

俄顷风定云墨色，秋天漠漠向昏黑。

布衾多年冷似铁，娇儿恶卧踏里裂。

床头屋漏无干处，雨脚如麻未断绝。

自经丧乱少睡眠，长夜沾湿何由彻！

安得广厦千万间，大庇天下寒士俱欢颜！风雨不动安如山。

呜呼！何时眼前突兀见此屋，吾庐独破受冻死亦足！

1.**熟悉：**熟读所记内容三五遍，并标示关键词（横线）。

2.**转换：**括号里的内容。

八月（月亮）秋高风怒号，卷我屋上（屋子）三重茅。

茅飞渡江洒江郊，高者挂罥长林梢，

下者飘转沉塘坳。南村群童欺我老无力，

忍能对面为盗贼。公然抱茅入竹去，

唇焦口燥（嘴巴）呼不得，归来倚杖自叹息。

俄顷风定云墨色，秋天漠漠向昏黑。

布衾（被子）多年冷似铁，娇儿恶卧踏里裂。

床头屋漏无干处，雨脚如麻未断绝。

自经丧乱少睡眠（枕头），长夜沾湿（泪水）何由彻！

安得广厦千万间，大庇天下寒士（人）俱欢颜！风雨不动安如山。

呜呼！何时眼前突兀见此屋，吾庐独破受冻死亦足！

3.**连接**：把关键词连接起来（故事法）。

月亮在屋子上，屋子的茅草飞到树梢，掉下塘坳，砸到南村群童，群童抱茅草放到嘴巴，嘴巴吐拐杖打乌云就昏黑了，昏黑的被子有娇儿，娇儿坐床头玩雨脚和枕头，然后流泪给广厦的寒士，寒士上山突然眼前一亮就冻死了。

4.**复习**：复习记忆的内容，并尝试还原和背诵原文。

第七节 课文（文章）背诵

曾经有著名语文教授说过“背诵是学习语文的最佳途径”，甚至有人把“背多分”当作座右铭来学习语文，可见背诵对于语文有多么重要。曾经我一直认为课文背诵是最难的，后来慢慢学会记忆法，并熟练掌握之后我才发现课文背诵其实没有那么难，甚至还挺简单的。那么如何进行课文背诵呢？事实上背诵课文还要看要背诵的课文是什么类型的，如果是故事性质比较强的直接使用故事画面法，如果是影像或场景比较丰富的也可以直接用故事画面，稍微复杂一些的我们建议使用记忆宫殿。当然，无论是什么类型的课文我们都可以采取万能记忆来进行记忆。下面我们就用万能记忆来给大家分享如何进行课文背诵。

短篇课文挑战

观潮

午后一点左右，从远处传来隆隆的响声，好像闷雷滚动。顿时人声鼎沸，有人告诉我们，潮来了！我们踮着脚往东望去，江面还是风平浪静，看不出有什么变化。过了一会儿，响声越来越大，只见东边水天相接的地方出现了一条白线，人群又沸腾起来。

那条白线很快地向我们移来，逐渐拉长，变粗，横贯江面，再近些，只见白浪翻滚，形成一道两丈多高的水墙。浪潮越来越近，犹如千万匹白色战马齐头并进，浩浩荡荡地飞奔而来；那声音如同山崩地裂，好像大地都被震得颤动起来。

短篇课文速记的方法，依然是万能记忆，万能记忆 = 熟悉 + 转换 + 连接 + 复习

1.**熟悉：**有感情的熟读所记内容三五遍或更多遍，并标示关键词。

2.**转换：**把关键词或每句话转为影像或场景。

3.**连接：**把关键词连接起来，可以使用故事、连锁或定位。

4.**复习：**复习记忆的内容，根据第三步的连接的故事尝试还原和背诵原文。

实战分析：

1.熟悉：有感情的熟读所记内容三五遍，并标示关键词。

（1）午后一点左右，从远处传来隆隆的响声，好像闷雷滚动。（2）顿时人声鼎沸，有人告诉我们，潮来了！（3）我们踮着脚往东望去，江面还是风平浪静，看不出有什么变化。（4）过了一会儿，响声越来越大，（5）只见东边水天相接的地方出现了一条白线，人群又沸腾起来。

（1）那条白线很快地向我们移来，逐渐拉长，变粗，（2）横贯江面，再近些，只见白浪翻滚，形成一道两丈多高的水墙。（3）浪潮越来越近，犹如千万匹白色战马齐头并进，浩浩荡荡地飞奔而来；（4）那声音如同山崩地裂，好像大地都被震得颤动起来。

2.转换：把每句话转为画面。

3.连接：把每句话的画面连接起来，想象自己就在现场，然后用心去想象和感受那些画面。因为本文比较容易想象出对应的画面，在此不再每一句话细分讲解。

4.复习：复习记忆的内容，根据第三步的连接的画面尝试还原和背诵原文。

练习挑战：

走遍天下书为侣

所以，我愿意坐在自己的船里，一遍又一遍地读那本书。首先我会思考，故事中的人为什么这样做，作家为什么要写这个故事。然后，我会在脑子里继续把这个故事编下去，回过头来品味我最欣赏的一些片断，并问问自己为什么喜欢它们。我还会再读其他部分，并从中找到我以前忽略的东西。做完这些，我会把从书中学到的东西列个单子。最后，我会想象作者是什么样的，他会有怎样的生活经历……这真像与另一个人同船而行。

《静夜》郭沫若

月光淡淡，

笼罩着村外的松林。

白云团团，

漏出了几点疏星。

天河何处？

远远的海雾模糊。

怕会有鲛人在岸，

对月流珠？

短篇古文速记

伯牙绝弦

伯牙善鼓琴，钟子期善听。伯牙鼓琴，

志在高山。钟子期曰："善哉，峨峨兮若泰山。"

志在流水，钟子期曰："善哉，洋洋兮若江河。"伯牙所念，钟子期必得之。

子期死，伯牙谓世再无知音，乃破琴绝弦，终身不复鼓琴。

短篇古文速记的方法，依然采用万能记忆，万能记忆 = 熟悉 + 转换 + 连接 + 复习

1.**熟悉**：有感情的熟读所记内容三五遍，并标示关键词。

2.**转换**：把关键词或整句话转为影像或场景。

3.**连接**：把关键词连接起来（故事、连锁或定位）。

4.**复习**：复习记忆的内容，根据第三步连接的故事尝试还原和背诵原文。

实战分析：

1.熟悉：熟读所记内容三五遍或更多遍，并标示关键词（横线部分）。

伯牙善鼓琴，钟子期善听。伯牙鼓琴，志在高山。钟子期曰："善哉，峨峨兮若泰山。”

志在流水，钟子期曰：“善哉，洋洋兮若江河。”伯牙所念，钟子期必得之。

子期死，伯牙谓世再无知音，乃破琴绝弦，终身不复鼓琴。

2.转换：把关键词或整句话转为影像或场景。（本文直接转换即可。）

3.连接：把关键词连接起来（故事画面）。

伯牙和钟子期在高山（泰山）和流水（江河）念死了就破琴绝弦，终身不复鼓琴。

4.复习：复习记忆的内容，根据第三步连接的故事尝试还原和背诵原文。

伯牙——伯牙善鼓琴，

钟子期——钟子期善听。

高山——伯牙鼓琴，志在高山。

泰山——钟子期曰：“善哉，峨峨兮若泰山。

流水（江河）——志在流水，钟子期曰：“善哉，洋洋兮若江河。”

念——伯牙所念，钟子期必得之。

死——子期死，伯牙谓世再无知音，

破琴绝弦——乃破琴绝弦，终身不复鼓琴。

练习挑战：

《学奕》

弈秋，通国之善弈者也。使弈秋诲二人弈，其一人专心致志，惟弈秋之为听；一人虽听之，一心以为有鸿鹄将至，思援弓缴而射之。虽与之俱学，弗若之矣。为是其智弗若与？曰：非然也。

《答谢中书书》 陶弘景

山川之美，古来共谈。高峰入云，清流见底。两岸石壁，五色交辉。青林翠竹，四时俱备。晓雾将歇，猿鸟乱鸣。夕日欲颓，沉鳞竞跃。实是欲界之仙都，自康乐以来，未复有能与其奇者。

第七章 魔幻数学

第一节　速算

在我的英雄梦想里面，速算是我梦寐以求的撒手锏，从小就特别喜欢速算，总希望自己的速算能够达到“神”的状态，幸运的是多年后自己终于学到了速算的一些方法，而且在数学的学习中还发挥了很大的效用，所以觉得有必要介绍给大家。速算作为一门古老的技术，在现代依然受到了追捧，而且得到了极大的发展。速算的方法有很多，比如珠心算法和手脑速算等。我们这里介绍的方法是根据德国一位世界速算高手研究出来的，他运用数字记忆和快速心算结合的办法，他多次获得世界心算大赛的冠军。下面我们分享一小部分给大家，希望对大家有用。

挑战内容：11到36的平方。

为什么挑战11到36的平方呢？因为无论是小学还是初中都要求记住一些数字的平方，以方便计算和节约计算时间。大家先看以下内容：

11×11=121	12×12=144	13×13=169	14×14=196
15×15=225	16×16=256	17×17=289	18×18=324
19×19=361	20×20=400	21×21=441	22×22=484
23×23=529	24×24=576	25×25=625	26×26=676
27×27=729	28×28=784	29×29=841	30×30=900
31×31=961	32×32=1024	33×33=1089	34×34=1156
35×35=1225	36×36=1296	37×37=1369	38×38=1444
39×39=1521			

攻略：把数字都转为文字，然后再编成一个个的故事，建议以5个内容为一组，具体方法参考如下。

第一组：

11×11=121　　　筷子121（筷子121地原地踏步）。

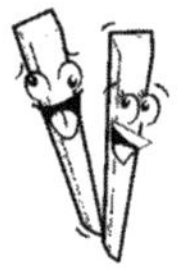

1-2-1

12×12=144　　　婴儿咬蛇（丝丝）。

13×13=169　　　医生摇绿舟（咬绿粥）。

14×14=196　　　钥匙摇旧炉。

15×15=225　　　鹦鹉爱二胡。

第二组：

16×16=256　　　石榴爱蜗牛。

17×17=289　　　仪器爱芭蕉。

18×18=324　　　腰包扇闹钟。

19×19=361　　　药酒洒在361的鞋子上。

20×20=400　　　直接算即可或者编故事为香烟400块一包。

第三组：

21×21=441　　　鳄鱼撕死鱼。

22×22=484　　　双胞胎撕巴士。

23×23=529　　　和尚捂饿囚。

24×24=576　　　闹钟捂汽油。

25×25=625　　　二胡留二胡。

26×26=676　　　河流流汽油。

27×27=729　　　耳机骑饿囚。

28×28=784　　　恶霸吃巴士。

29×29=841	饿囚怕（趴）死鱼。
30×30=900	直接算即可，或编故事为三轮车900块一辆。

第四组：

31×31=961	鲨鱼救儿童。
32×32=1024	扇儿石头闹钟：扇儿扇石头砸闹钟。
33×33=1089	星星石头芭蕉：星星掉下石头砸芭蕉。
34×34=1156	三丝筷子蜗牛：三丝绑筷子夹蜗牛。
35×35=1225	山虎婴儿二胡：山虎命令婴儿拉二胡。

第五组：

36×36=1296	山鹿婴儿旧炉：山鹿撞婴儿到旧炉里。
37×37=1369	山鸡医生绿舟：山鸡被医生放在绿舟里面烤了。
38×38=1444	妇女钥匙蛇：妇女拿钥匙喂蛇。
39×39=1521	山丘鹦鹉鳄鱼：山丘上有只鹦鹉在玩鳄鱼。

小结：要记住这些平方的结果不是很难的事情，难的是能够在最短的时间内得出结果，如何能够形成条件反射，看到题目就得出答案呢？答案就是需要我们多练习。送给大家一句话，方法是可以学出来的，速度则是练出来的。

小挑战：

13×13=	16×16=	19×19=	33×33=	37×37=
12×12=	18×18=	24×24=	34×34=	39×39=

大乘法口诀表

当我们还在因为会背九九乘法口诀表而高兴的时候，印度小孩已经在背十九十九乘法口诀表了！印度的口诀表是从1背到19，您知道印度人是怎么记11到19的数字吗？接下来的内容会告诉大家方法。

11×11=121	13×19=247
11×12=132	14×14=196
11×13=143	14×15=210
11×14=154	14×16=224
11×15=165	14×17=238

11×16=176
11×17=187
11×18=198
11×19=209
12×12=144
12×13=156
12×14=168
12×15=180
12×16=192
12×17=204
12×18=216
12×19=228
13×13=169
13×14=182
13×15=195
13×16=208
13×17=221
13×18=234
14×18=252
14×19=266
15×15=225
15×16=240
15×17=255
15×18=270
15×19=285
16×16=256
16×17=272
16×18=288
16×19=304
17×17=289
17×18=306
17×19=323
18×18=324
18×19=342
19×19=361

攻略：

（1）11到19的平方不用再算

（2）十几乘十几的通用公式：一数加二数尾放前头，再加上尾尾相乘。

14×17=（14+7）×10+4×7=238

14×18=（14+8）×10+4×8=252

16×17=（16+7）×10+6×7=272

13×18=（13+8）×10+3×8=234

（3）尾数相加为十的乘法：得数开头都是2，尾数相乘放后尾。

14×16=200+尾数相乘4×6=224

15×15=200+尾数相乘5×5=225

11×19=200+尾数相乘1×9=209

12×18=200+尾数相乘2×8=216

13×17=200+尾数相乘3×7=221

（4）相隔一数的乘法（自学即可）：等于中间数的平方减1。

11×13=12×12−1

12×14=13×13−1

13×15=14×14−1

14×16=15×15−1

15×17=16×16−1

16×18=17×17−1

17×19=18×18−1

18×20=19×19−1

（5）十几乘十九的公式（自学即可）：该数乘20，然后减该数。

13×19=13×20−13=247

14×19=14×20−14=266

15×19=15×20−15=285

16×19=15×20−15=304

18×19=16×20−16=342

第二节　数学解题思维

挑战：这道题是我小学接触到的最有启发的数学题之一，非常值得学习。

这是三阶幻方，在幻方中填入数字，可以使每一个横行、竖行、对角相加的和相等。如果这几个数是1、2、3、4、5、6、7、8、9，那么每一个横行、竖行、对角相加的和都是15，你知道怎样填吗？

这是小学一道经典的数学题，不用传统的思维来解题会非常便捷，我即将使用思维导图的思维法来解答它。任何解题方法的第一步都是审题，从上面的题目来看，就是要把1到9这9个数字分别填到9个格子里，使横向、纵向和对角的和都是15。审题后，我们来分析一下这9个格子，为了方便我把每个格子先命名，命名如下。

A	B	C
D	E	F
G	H	I

通过观察我们知道E格子是被使用最多的格子，在1到9这 9 个数字里面，谁最不大不小最“中立”呢？毫无疑问是数字5，所以E格子填数字5。

A	B	C
D	5	F
G	H	I

接下来我们按照逻辑分析，格子DBFH各要使用2次，所以格子DBFH的地位是相同的；而格子ACGI这4个格子各要使用3次，格子ACGI这4个格子的地位也是相同的；这样就需要我们把除5之外的8个数字分成两派，最简单的分法

就是奇偶数，所以1、3、7和9为一派，2、4、6和8为一派。

另外，使用的次数越多的数字越需要中立，那么相对而言，数字1和9是最不中立，很极端，所以格子ACGI这4个格子不能填1或9，因为3、7也是和1、9同一派的，所以格子ACGI这4个格子不能填1、3、7和9。那么格子ACGI从A开始就随便填2、4、6和8其中的一个，比如2，A填了2之后那么格子I要填8；格子G和C随便填4或6，反正地位都一样，比如G填4，那么D要填9，然后对应F要填1，C理所当然是6，B就是7，H就是3，至此全部格子都填满，答案如下图。大家可以验证一下是否符合要求。

2	7	6
9	5	1
4	3	8

刚才讲到格子ACGI这4个格子的地位是相同的，所以格子A可以随便填2、4、6或8其中的一个，然后其他的格子按照要求填写即可，所以实际上答案有很多种。那么如何最快找到别的答案呢？这是个好问题，按照逻辑分析，第一行和第三行的地位是一样的，所以把第一行和第三行对换一下就可以得到新的答案。

4	3	8
9	5	1
2	7	6

同样的道理，因为第一列和第三列的逻辑地位一样，把这两列对换一下位置又可以得到新的答案。

8	3	4
1	5	9
6	7	2

小结：看过上面的分析，我想大家应该明白一个思维，那就是分类的思维——恰好也是思维导图里面最重要的思维之一，这就告诉我们，同样的东西放在同样的位置是解决问题的一个好思路。

挑战练习：

1.把6、11、16、21、26、31、36、41、46分别填在三阶幻方中。

2.把6、7、8、12、13、14、18、19、20分别填在三阶幻方中。

第三节　数字编码表

01	02	03	04	05	06	07	08	09	10
铅笔	鸭子	耳朵	红旗	吊钩	手枪	拐杖	葫芦	猫	棒球
11	12	13	14	15	16	17	18	19	20
筷子	婴儿	医生	钥匙	鹦鹉	石榴	仪器	腰包	药酒	香烟
21	22	23	24	25	26	27	28	29	30
鳄鱼	双胞胎	和尚	闹钟	二胡	河流	耳机	恶霸	恶囚	三轮车

31	32	33	34	35	36	37	38	39	40
鲨鱼	扇儿	星星	三丝	山虎	山鹿	山鸡	妇女	山丘	司令
41	42	43	44	45	46	47	48	49	50
死鱼	柿儿	石山	蛇	师傅	饲料	司机	石板	湿狗	武林
51	52	53	54	55	56	57	58	59	60
工人	鼓儿	乌纱帽	青年	火车	蜗牛	武器	尾巴	午休	榴莲
61	62	63	64	65	66	67	68	69	70
儿童	牛儿	流沙河	律师	绿屋	蝌蚪	油漆	喇叭	绿舟	麒麟
71	72	73	74	75	76	77	78	79	80
鸡翼	企鹅	花旗参	骑士	西服	汽油	机器人	青蛙	气球	巴黎
81	82	83	84	85	86	87	88	89	90
白蚁	靶儿	巴掌	巴士	宝物	八路	白旗	爸爸	芭蕉	酒瓶
91	92	93	94	95	96	97	98	99	00
球衣	球儿	旧伞	首饰	酒壶	旧炉	旧旗	球拍	舅舅	望远镜

编码原则：

1.谐音：石榴、山虎等

2.形似：铅笔、鸭子等

3.逻辑：妇女、儿童等

4.拟声：爸爸、舅舅等

100个数字代码的背诵

背熟数字代码可以让我们在面对与数字有关的数据记忆时不那么困难，而且对数字会非常敏感，一旦能搞定最难记忆的无规律数字，那么我们的信心就会上一个台阶。记忆100个数字代码的方法有很多种，其中在前面的章节也有讲解过，现在我们用另外一种记忆方法来给大家分享一下。

记忆方法：

1.分为20个一组来背诵：分组背诵减轻压力。

2.用故事画面法或连锁影像法：两种方法配合用。

3.通过理解来记忆对应的代码：代码要么是听起来像和看起来像，或者就是意思很像。

实战分析：

01~20：铅笔插到鸭子，鸭子咬耳朵，耳朵靠着红旗，红旗打吊钩，吊钩勾到手枪，手枪打拐杖，拐杖敲葫芦，葫芦给猫抱，猫用石头砸筷子，筷子夹婴儿，婴儿要医生抱，医生抓鹦鹉，鹦鹉吃石榴，石榴放到仪器下面观察，仪器装进腰包，腰包里面有药酒，药酒弄灭了香烟。

21~40：鳄鱼咬双胞胎，双胞胎当和尚，和尚敲闹钟，闹钟砸二胡，二胡丢进河流，河流弄湿耳机，耳机给了恶霸，恶霸打恶囚，恶囚骑着三轮车撞鲨鱼，鲨鱼咬扇儿，扇儿扇星星和三丝，三丝绑山虎，山虎吃山鹿和山鸡，山鸡咬了妇女飞上山丘当司令。

41~60：死鱼吃柿儿，柿儿种在石山上，石山上有蛇咬师傅，师傅吃饲料，司机劈断石板，石板砸湿狗，湿狗去咬武林和工人，工人敲鼓儿和戴乌纱帽的青年爬上火车，火车上的蜗牛有武器，武器打松鼠尾巴，尾巴痛了午休吃榴莲。

61~80：儿童骑牛儿到流沙河找律师，律师走进绿屋找蝌蚪，蝌蚪弄油漆到喇叭上，喇叭喊绿舟上的麒麟，麒麟跳上机翼抓企鹅，企鹅吃花旗参去当骑士，骑士穿西服，拿汽油烧机器人，机器人抓青蛙放气球上，气球挂在巴黎铁塔。

81~00：白蚁爬上靶儿，靶儿打巴掌，巴掌打巴士上拿宝物的八路，八路拿白旗给爸爸，爸爸把芭蕉放进酒瓶，酒瓶砸球衣砸出了个球儿，球儿砸到旧伞上的首饰，首饰放进酒壶，酒壶放旧炉里烧，旧炉烧旧旗，旧旗插球拍，球拍打掉舅舅的望远镜。

第四节 数字类信息记忆训练

练习：记忆下面的随机数字。

37982065303693853727

60438289081293812946

数字的记忆有很多好处，其中一个就是让大脑灵活起来，因此建议大家多练习数字记忆。数字记忆的方法，最常用的是一组记忆宫殿，不过，记忆宫殿需要专门的练习，不容易上手，现在我们给大家分享一个简单一些的方法，步骤如下：

1.先按每两个数字一组转换成数字代码。

2.然后用故事法或连锁法等方法把数字代码连接起来。

3.按照故事画面还原和背诵数字。

实战分析：

第一组：37982065303693853727

1.37——山鸡　98——球拍　20——香烟　65——绿屋　30——三轮车

36——山鹿　93——旧伞　85——宝物　37——山鸡　27——耳机

2.山鸡拿着球拍，吸着香烟飞上绿屋去骑三轮车，然后撞到山鹿和旧伞，旧伞掉出了宝物，原来宝物是山鸡，还是戴着耳机的。

3.还原和背诵数字。

第二组：60438289081293812946

1.60——榴莲　43——石山　82——靶儿　89——芭蕉　65——葫芦

12——婴儿　93——旧伞　81——白蚁　29——恶囚　46——饲料

2.用榴莲砸石山上的靶儿，靶儿旁边有芭蕉和葫芦，葫芦里面爬出一个婴儿，婴儿拿着旧伞抓白蚁喂恶囚，恶囚还是喜欢吃饲料。

3.按照故事画面还原和背诵数字。

小结：在很多记忆法初学者看来，用故事画面的方法来记忆少量的随机数字是比较简单有效的，的确，在其他方法没有熟练掌握前最好就用故事画面的方法来记忆。

挑战：记忆圆周率小数点后100位。

1415926535　8979323846　2643383279　5028841971　6939937510

5820974944　5923078164　0628620899　8628034825　3421170679

第五节 号码的记忆

为什么要记忆号码呢？答案很简单，因为打错电话会很尴尬，转账转错了人更是要吃大亏，另外，有些重要的电话记住了关键时刻可以救命。有人说，手机存就可以了，干吗要记呢？要知道手机续航能力可比大脑差，手机会有没电的时候，而大脑不会。

简单号码

110警察

分析：11——筷子　0——汤圆　**记忆：**警察用筷子夹汤圆吃。

119火警

分析：11——筷子　9——猫　**记忆：**用筷子夹猫来烤火，着火了打电话叫火警。

120救护车

分析：12——婴儿　0——汤圆　**记忆：**婴儿用手抓汤圆，烫伤了要叫救护车。

122交通事故

分析：12——婴儿　2——鸭子　**记忆：**婴儿看见鸭子发生交通事故。

手机号码：18178602892

分析：181——要白蚁　7860——吃八榴莲　2892——恶霸球儿

记忆：要白蚁吃八榴莲，恶霸玩球儿。

QQ 号码

931251169

分析：93旧伞　12婴儿　51工人　169当作身高

记忆：拿着旧伞的婴儿看见一个工人有169厘米高。

身份证号码的记忆

身份证号码：450923199010142691　姓名：贝多芬

分析：我们采取故事画面的方法来记忆。

45师傅　09猫　23和尚　19药酒　90酒瓶　10石头　14钥匙　26河流　91球衣

记忆：贝多芬师傅抱着猫去看和尚喝药酒，然后他拿着酒瓶装着石头和钥匙丢到河流，河流里有一件球衣。

银行账号的记忆

银行账号：6212262102012883312工商银行　账户名：蓝天才

分析：首先一看6212开头就知道是工行的，只要记住号码和卡号主人名字即可。

62牛儿　12婴儿　26河流　21鳄鱼　02鸭子　01铅笔　28恶霸　83巴掌　31鲨鱼　2额头

记忆：蓝天才养的牛儿背上的婴儿跳到河流里玩鳄鱼，旁边的鸭子拿着铅笔戳恶霸的巴掌和鲨鱼的额头。

第八章

英语知识速记

对于中国学生来说，之所以很多人觉得英语难学跟环境关系很大。当然，不能让它阻挡我们的英语学霸之路，我们还是一样面对什么问题就找什么办法，办法总比困难多，毕竟很多英语学霸也是在同样的环境下成长起来的。经过长期摸索，我们也发现和发明了英语方面的速记方法，从音标到英语文章，甚至整本英语书都可以使用记忆法背下来（我们学生中就有把新概念英语整册背下来的）。希望大家借助本书的记忆方法也能使成绩得到莫大的提高。

第一节　音标速记

英语音标的学习是非常必要的，它的功能有点像语文里的汉语拼音，学好拼音必然对语文有很大帮助。经过大量的调查，我们发现学过英语音标和没有学过英语音标的学生成绩上有很大的差距，音标学得好的学生成绩也更好，可见音标学习的重要性。

音标

英语国际音标有48个、元音20个、辅音28个，元音又分单元音和双元音，单元音12个、双元音8个。

需要强调的是，接下来的方法不是用谐音来记音标，而是用谐音来提醒回忆出音标的正确发音。这对于英语语感很好的同学可能是多此一举，但对于那些看着音标却根本不记得怎样读的同学会很有帮助，希望大家在实践中慢慢体会。

（一）元音

先来看看音标速记对比表。

一	/a:/ ≈ a啊 /　:/ ≈ o哦 /ə:/=/ɜ:/ ≈ e呃 /i:/ ≈ i一 /u:/ ≈ u乌 /æ/
二	/ʌ/ ≈ a啊 /ɔ/=/ ɒ/ ≈ o哦 /ə/ ≈ e呃 /i/ ≈ i一 /u/ ≈ u乌 /e/
三	/ai/ ≈ ai爱 /ɔi/ ≈ oi哎呦 /ei/ ≈ ei A;
四	/iə/ ≈ 12 /uə/ ≈ 52 /eə/ ≈ 22;
五	/au / ≈ ao澳 /əu/ ≈ ou欧 /ju/ ≈ iu U

说明：“/a:/≈a啊”表示音标/a:/的读音和汉语拼音a的读音相似，有点像“啊”，其中“≈”表示相似的意思；同样“/iə/≈12”表示/iə/的读音有点像12；而“/ɔ/=/ ɒ/ ”表示/ɔ/和/ ɒ/的发音一样，只是新旧版本的音标写法不一样而已 。

（二）辅音

1.跟汉语类似的音标

（1）/b/≈b /p/≈p /m/≈m /f/≈f /d/≈d /t/≈t /n/≈n（/ŋ/ ≈n）/l/≈l /g/≈g /k/≈k /h/≈h

（2）/j/≈y /s/≈s /z/≈z /w/≈w

注：上面这些辅音后有元音时，拼读单词跟汉语拼音几乎一样；后无元音时只需要做出口形即可，几乎不用发出声音。

（1）摩擦音　　/ θ /≈死 /ð/≈的 /v/≈五 /r/≈日 /ʃ/≈嘘 /ʒ/≈雨

（2）破擦音　　/tʃ/≈取 /dʒ/≈纸 /tr/≈扯 /dr/≈者 /ts/≈此 /dz/≈子

2.重点难点辅音特别讲解

（1）/ θ /≈s（上牙咬舌尖）

分析： θ像咬舌头的形状，s声音像死。

记忆：咬舌头很容易死的，千万别咬哦。（咬舌死）

（2）/ð/≈d（上牙咬舌尖）

分析：ð像“狗”字的边旁部首，d的。

记忆：形状像狗的。（狗的）

（3）/v/ ≈ wu（上牙咬下唇）

分析： v表示胜利的手势，wu就是舞。

记忆： 胜利了就跳舞。（胜利舞）

（4）/r/ ≈ l（卷舌）

分析： r人 l了。

记忆： 人都卷舌了，整天都在读r。（人了）

（5）/ʃ/ ≈ s（嘴唇往外突）

记忆： 形状就很相似。（嘘嘘）

（6）/ʒ/ ≈ yu（嘴唇往外突）

分析： ʒ像3，yu雨。

记忆： 每天3点就下雨。（3雨）

（7）/tʃ/ ≈ ch（嘴唇往外突）

分析： tʃ踢嘘， ch声音像“取”——踢须取。

记忆： 踢嘘你，取你老命。（踢嘘取）

（8）/dʒ/ ≈ zh（嘴唇往外突）

分析： dʒ大三，zh纸——D3纸或第三者。

记忆： 大三的大学生每天都吃纸。

（9）/tr/ ≈ che（卷舌）

分析： tr踢人，che扯——踢啊扯。

记忆： 踢人啊，扯住他。

（10）/dr/ ≈ zhe（卷舌）

分析： dr打人，zhe者——地啊者。

记忆： 打人者。

（11）/ts/ ≈ ci

分析： ts踢死，ci此——踢死此。

记忆： 踢死此。

（12）/dz/ ≈ zi

分析： dz大猪，zi子——地资（主）子。

记忆： 大猪子。

练习：对以下单词进行发音分析和拼读

01	piece /piːs/ 一片	27	get / g et/ 得到
02	Friday /'fraɪdi/ 星期五	28	fly /flaɪ/ 飞
03	egg /eg/ 蛋	29	very /'veri/ 非常
04	cat /kæt/ 猫	30	so /səʊ/ 那么
05	monkey /'mʌŋki/ 猴子	31	gaze /geɪz/ 凝视
06	about /ə'baʊt/ 大约	32	thank / θæŋk/ 感谢
07	her /hɜː/ 她的	33	they /ðeɪ/ 他们
08	do /duː/ 做	34	her /hɜː/ 她的
09	woman /'wʊmən/ 妇女	35	right /raɪt/ 对
10	morning /'mɔːnɪŋ/ 早上	36	she /ʃiː/ 她
11	boss /bɒs/ 老板	37	decision /dɪ'sɪʒən/ 决心
12	glass /gl ɑ ːs/ 玻璃	38	child /tʃaɪld/ 小孩
13	bike /baɪk/ 自行车	39	jazz /dʒæz/ 爵士
14	oil /ɔɪl/ 油	40	trick /trɪk/ 恶作剧
15	gate / g eɪt/ 大门	41	drive /draɪv/ 驾驶
16	idea /aɪ'dɪə/ 主义	42	coats /kəʊts/ 外衣
17	rural /'ruːrəl/ 农村	43	roads /rəʊdz/ 路
18	pear /peə/ 梨	44	me /miː/ 我
19	how /haʊ/ 怎么	45	name /neɪm/ 名字
20	show /ʃəʊ/ 展示	46	bank /bæŋk/ 银行
21	music /'mjuːzɪk/ 音乐	47	like /laɪk/ 喜欢
22	open /'əʊpən/ 打	48	yes /jes/ 是的
23	buy /baɪ/ 买	49	we /wiː/ 我们
24	too /tuː/ 太	50	queen /kwiːn/ 女王
25	do /duː/ 做	51	Twelve /twelv/ 十二
26	key /kiː/ 钥匙		

第二节　自然拼读速成

学过自然拼读的人都知道每个字母或字母组合都有自己独特的发音，或多或少都有一些规律可循，而且经过大量的实践检验发现自然拼读确实对英语学习有帮助。但是自然拼读有个缺点——学生学了也理解了，但就是记不住那些拼读的规律，而需要理解和记住那些规律又花了大量的时间，因此自然拼读这么好的方法推广起来也受到了很大的约束。为了广大的自然拼读学习者和教师，我们特意研究了自然拼读的记忆方法，下面举一个例子来给大家启发一下，主要运用的方法是理解和想象小故事。

比如字母a有9种发音，这9种发音分别是：

（1）a读/ei/，gate门；

（2）a读/a:/，glass玻璃；

（3）a读/æ/，cat猫；

（4）a读/e/，many许多的；

（5）a读/ɔ:/，water水；

（6）a读/ɔ/，want想要；

（7）a读/i/，village乡村；

（8）a读/ə/，about关于；

（9）a读/eə/，parent父母。

记忆参考：

（1）a读/ei/，gate门；

口诀：重读开音节a-e发[ei]，gate门。（name，cake，date，Jane，plane，baby）

理解：a在26个英语字母中发[ei]。

（2）a读/a:/，glass玻璃；

口诀：重读a在ss sp sk st th ph f n 前发[a：]，glass玻璃。（grasp，ask，fast，father，graph，after，plant）

想象：①ss sp sk st ：取每个组合的后一个字母s p k t ，s美女pk不用转换 t

他，连起来就是美女pk他。

②th ph f n：th跳河，ph炮灰 f飞 n你，连起来就是跳河炮灰飞你。

（3）a读/æ/，cat猫；

口诀：重读闭音节–a–发[æ]，cat猫。（bag，hat，map，dad，back，black）

想象：中毒闭嘴还能发出[æ]的猫，真厉害。

（4）a读/ɔ/，want想要；

口诀：重读a在[w]后发[ɔ]，want想要。

想象：重读[w]后面的a惊叹得想要发出[ɔ]。

小结：字母a有9种发音，但只有4种是有规律的，我们只要记住有规律的发音即可，没有规律的发音对应的单词也不多，平时见一个积累一个或者把它们找出来一下子一次性搞定。

第三节　单词速记

英语单词的记忆是学习英语过程中碰到的最大难题，很多英语学不好或放弃了英语的学习者很大程度上就是因为记不住单词或者记了很快就忘记。其实，这很正常，就算是记忆法学得很好的学员还是会碰到英语单词记忆的难题，为此，我们用了大量的时间在英语单词的记忆研究上，成功地用记忆法处理了中小学的每个单词，通过实践并已取得了可观的效果。下面就让我们一起来学习英语单词记忆法的各个方面吧。

单词记忆难不难呢？现在给大家看两个英语单词：

hippopotomonstrosesquippedaliophobia /hɪpəpəʊtə'mɒnstrəʊzɪsk/ n.长单词恐惧症

（honorificabilitudinitatibus /ɒnərɪfɪkəbɪlɪtju:'di:ni:/ n. 不胜光荣

我想大家看到这两个单词都有点不敢相信，英语单词竟然有那么长的一个，别说根据读音来记忆了，连读音本身可能都记不住。那么面对这么长的单词我们有什么好的记忆办法吗？答案是有的，后面有讲解，而且8岁的小孩子也学得会。

单词为什么记不住呢

经过长期研究我们总结出来，单词记不住有如下10个原因：

1.英语不是我们的母语，我们生活在汉语环境中，运用得少。

2.没有信心，有畏惧心理。

3.枯燥无味，不感兴趣。

4.把背单词看成极其痛苦的事，不断可怜自己。

5.没有掌握方法，孤立地死记硬背。

6.急功近利，贪多求快。

7.没有持之以恒的耐心，三天打鱼，两天晒网。

8.精神不集中，思想开小差。

9.学习方式单一，以眼代嘴，只看不念。

10.强调客观理由，事情多，没有时间等。

传统记单词

1.传统记单词的原理和方法

（1）死记硬背，直接按读音或拼写记忆，多读多写。

（2）通过音标音节的拼读来记。

（3）通过谐音来记忆，特别是刚开始学英语的时候。

（4）有一定的英语基础后，利用构词法记忆。

（5）通过口语来记单词，例如找外教等。

2.传统记单词的弊端

（1）没有兴趣：传统的死记硬背容易疲劳，影响学习兴趣。

（2）要求高：要求基础好，基础不好难以记忆，尤其是按音标音节记忆，要求熟透音标和发音规则，而小学生往往用不好音标记忆法。

（3）不懂分配记忆时间：在一个单词上花费了大量时间，单词越多，花的时间越多，最后就因为没有那么多时间而放弃了。

（4）不善于安排复习时间：没有复习，一切的记忆将变成一句空话，所以需要合理安排复习。

（5）记得慢，忘得快。好不容易记住了一个单词，第二天醒来又不记得了。

（6）记得快，忘得快。记单词是很快，今天能记住30个，明天可能又忘了。

（7）看到了单词知道是什么意思，但可能不懂怎么读，或者是不懂怎么拼写。

（8）运用记忆方法不够系统，不成熟，导致对很好用的记忆方法失去信心。

（9）很少或者没有借助现代工具来辅助记忆，如MP3、学习机、手机和电脑等。

用记忆法速记英语单词

经过长期研究，我们总结了卓有成效的单词速记十大战略、十二战术和四大战码，这里我们重点给大家分享一下单词速记的十二战术。

一个单词的四要素：读音（音）；拼写（形）；意义（意）；用法（法）。本书的单词记忆方法就是根据这四要素研究出来的，所以大家注意从这几个方面去理解我们的记忆方法。

英语单词记忆的一些基本原则：

（1）不要在一个单词上花太多时间，而是要在一个英语单词上分散记忆多次。

（2）尽可能地会读单词了再进行记忆，这是保证单词记忆质量的前提条件。

（3）复习要及时，尽可能在记忆之后的5分钟左右复习一遍。

（4）以熟记新，这也是所有快速记忆的基本原则。

英语单词记忆的步骤：

（1）拼读单词并进行<u>语音分析</u>。

（2）分析语音之后可以<u>尝试默写</u>看是否正确。

（3）如果觉得某个单词不容易记忆或者容易写错，那么可以采取单词速记十二战术的其中一个方法来进行辅助记忆。

我们所研究的十二战术可以说包括了所有单词记忆方法的原理，是最基础的也是最有代表性的。所有英语单词的记忆都可以用这12种方法，只要你熟悉使用这12种方法就没有记不住的英语单词。

这十二战术分为三音、三词、三字和三对比4个方面，三音又分为语音、谐音和拼音；三词分为词根、词缀和词分；三字分为字母编码法、字母熟词法和字母起源法；三对比分为读音对比、形状对比和意义对比等。下面就给大家一一呈现。

（一）语音法

我想大家有时候会碰到这样的情况：明明会读单词，但就是写不出来。这在声音型学习者中最常见。怎么解决这个问题呢？使用语音法，只需要记住读音，就能够把单词正确地写出来。具体的做法就是按照单词的每个读音来记忆对应的组合。比如important这个单词，im是一个音，por是一个音，tant是一个音，这样拆分音节之后再记忆就简单多了。

1.语音分析法

使用这个方法的难点在于区分哪个音对应哪些字母，也就是如何按照读音进行拆分，拆分之后只需要多读就可以记住单词了。当然读的次数每个人不一样，有人可能读音读一遍就记住了，有人可能读十遍八遍的。

make/meɪk/做，制造——可以拆分为ma和ke。

late/leɪt/迟的，逝世的——可以拆分为la和te。

meet遇见——拆分为mee和t。

communication交流——拆分为com、mu、ni、ca、tion。

competition竞争——拆分为com、pe、ti、tion。

2.音节组合法

在单词记忆中，我们发现有些字母组合只有一种发音，而且在多个地方出现，这种情况我们可以采取音节组合板块的方法来记忆，那样就简单多了。

light轻的——l和ight

might可能——m和ight

night夜晚——n和ight

tight紧的——t和ight

sight视力——s和ight

（二）谐音法

有人问，记不住读音，或者记住了读音但不知道读的单词是什么意思，应该怎么办？答案就是运用谐音法。

谐音法是寻找英文单词发音的中文谐音，然后在中文谐音和英文单词的词义之间进行联想记忆的一种方法。需要注意的是，我们英语单词记忆法提倡记忆单词的第一步就是发准读音，然后在发准读音的基础上寻找记忆单词的方法。谐音法的好处在于，对有些单词的记忆，你如果能够找到一种好的中文谐音去替代，那个单词可以立即被记住。在中小学的英语单词中，采用本方法的中小学单词占了1 /10以上。

1. 音节谐音法

barber /ˈbɑ :bə/ n.理发师

转换：八伯。 故事：八伯是理发师。

cart /kɑ :t/ n.二轮运货马车

转换：卡特。 故事：卡特骑马车。

starve /stɑ :v/ vi.饿死

转换：士大夫。 故事：很穷饿死。

startle /'stɑ :tl/ vt.使大吃一惊

转换：屎大坨。 故事：看见屎大坨，让人大吃一斤（惊）。

bay /beɪ/ n.海湾，口岸，湾

转换：贝。 故事：海湾好多贝壳。

mouse /maus/ n.鼠，耗子

转换：猫死。 故事：猫死了耗子开心。

audience n.听众，观众

转换：哦电死。故事：哦，观众差点被电死。

acquaintance /ə'kweintəns/ n.认识；了解；熟人

转换：哦快疼死。 故事：哦，有个认识的熟人，快疼死了。

maid /meɪd/ 女佣，女仆；少女

转换：妹的。 理解：女佣是妹的。

2. 约定谐音法

London　伦敦

India　印度

New York　纽约

hamburger　/'hæmbɜːgə/　汉堡包

jazz　/dʒæz/　爵士乐

3. 直接谐音法

boom　暴涨

Bang　重击，巨响

Ouch　哎呦

Meow　猫叫声

coo　咕咕声

问：运用谐音法会不会导致发音不准呢？

答：任何方法都不是万能的，但即使不是万能的也是有它独特好处的，因此谐音法即使有可能影响发音，但其作用非常强大。另外如果你先学习音标或自然拼读法，你就不会受到发音影响，而且我们运用谐音记单词的第一步就是先读准发音，因此正确地运用谐音法不会带来发音上的影响。

问：我即使记住了发音，也记住了它的意思，但有时候我还是拼写不出单词，该怎么办呢？

答：有两种办法，一种是配合使用方法一，也就是语音法，谐音法和语音法配合得好的话，威力非常庞大，甚至可能达到过目不忘记单词的程度。另外一种办法就是接下要学习的方法——拼音法。

（三）拼音法

据大量调查发现，单词记忆最难的一点就是拼写。对年龄越小的学生，这个难点越明显。那么有没有又简单又容易记住单词，又能轻松拼写单词的方法呢？答案是有的，这就是即将介绍的拼音法。拼音法就是借助汉语拼音的拼写来记忆单词的一种方法。

英语是由26个字母组合而成，中文的拼音也是由类似的二十几个字母组合而成，运用拼音组合记忆英语单词的方法就是拼音记忆法。拼音记忆法也可以帮助我们更自由地对任何一个单词进行分解。采用本方法的中小学单词占了五分之一以上。

1. 标准拼音法

ban　/bæn/　vt.禁止

转换：办。　　故事：公司禁止员工办事不力。

bake　/beɪk/　vt.烤，烘

转换：罢课。　　故事：大家罢课去烘烤了。

fare　/feə/　n.车费

转换：发热。　　故事：发热打车去看医生要车费。

manage　/ˈmænɪdʒ/　vt.设法；对付

转换：骂哪个。　　故事：设法对付哪个就骂哪个。

2.缩写拼音法

try尝试

转换：太容易。　　故事：尝试后你就知道记忆单词太容易。

dry干燥的

转换：大人妖。　　故事：干燥的大人妖在喝水。

shy害羞

转换：室友。　　故事：我的室友很害羞。

gym 体育馆

转换：管用吗。　　故事：到体育馆运动减肥管用吗？

3.混合拼音法

chaos　/ˈkeɪɒs/　n.混乱（状态）

转换：chao吵，　s死。　　故事：混乱的地方吵死了。

lag　/læg/　vi.走得慢

转换：la拉，　g哥。　　故事：拉着哥哥走得慢。

lap　/læp/　n.膝部；一圈

转换：la拉，　p跑。　　故事：拉着你的膝部跑了一圈。

tag　/tæg/　n.附加语；标签

转换：ta他，g哥。故事：他哥有很多标签。

excuse打扰了

转换：ex恶心，cu醋，se色。故事：恶心醋的颜色打扰了吃醋的人。

family家庭

转换：fa发，mi米，ly理由。故事：发米给那家庭的理由是他们比较穷。

parent父母

转换：pare，怕热，nt难题。故事：怕热的难题被父母解决了，办法是装了空调。

问：我们学习汉字有个特点，就是我们即使从来没有见过一个字，但我们可能会读也知道这个汉字的基本意思，比如说“铜”字，我们看左边的偏旁部首就知道这个字跟金属有关，再看右边的字是“同”字，所以这个字可能念“同”的音，是一种叫铜的金属。那么英语里面有没有类似的单词呢？

答：事实上英语单词里面也有类似的情况，而且还不少，接下来的方法就是根据这个原理研究出来的。

（四）词根法

词根法是一种超级好用的方法，只要知道词根就大概知道单词的意思，这在阅读中带来很大帮助。词根法有两方面要抓住的，一是抓词根，二是抓功能词或功能组合。

1.抓词根

怎么知道哪些是词根呢？词根是无法随机抓取的，词根要靠平时多积累，积累的词根多了就越有助于背单词。

2.抓功能词或功能组合

什么是功能词或功能组合呢？比如说前缀或后缀都可以当作功能词或功能组合，下面举例说明。

大家应该都知道英语单词moon是月亮的意思，但lun才是月亮的词根，包含lun的单词都有可能和月亮有关，比如下面这几个单词。

lunar月亮的

分析：其中lun是月亮的词根，而ar是功能组合，即单词后缀，放在单词后面表示“……的”，所以lunar表示月亮的。

luniform月形的

分析：其中lun是月亮的词根，而form是单词后缀，放在单词后面表示“……形式”，所以luniform表示月亮形式的，即月形的。

lunate新月形的

分析：lun是月亮词根，ate是单词后缀“使……的”，所以lunate表示使月亮……的，在这里是新月形的意思。

demilune半月，新月

分析：demi放在单词前面表示一半，lun表示月亮，e不用管，所以整体就是半个月亮，即半月。

plenilune满月

分析：pleni放单词前面表示充满，lun表示月亮，e不用管，所以整体意思充满的月亮，即满月。

常用词根：

acid 酸的，尖酸的

act 做，行动

ag 移动，做，办理

agri 田地，农田

ali 别的，其他的

ann 年

aud 听

auto 自动的，自己本身

bio 生命，生物

ced 让步，行，走

cide、cise 杀，切断

claim 喊叫，宣布

clar 清楚，明白

clud 关闭

cog 认识，知道

corp 身体，实体，机构

crea 创造

cred 相信，信任

cruc 十字

cycl 环形的，圆圈，轮子

dem 人民

dic 说，言语

duc 引导，诱使

fac、fact 做，作

fer 带，拿来

fin 结束，终

flect 弯曲

geo 地

grad 步，走，级

graph 写，画，记录器

grat 使人高兴的

grav 重的

helio 太阳

hemo 血

hibit 持有，拿

hum 土，人类

hydr 水

hypn 睡眠，催眠

Idio 特殊的，专有的

ject 投掷，躺下

lect 选，收

leg 法律

liber 自由

liter 文字，字母

loc 地方

log 言语，词

lun月亮

magn 很大的

mar 海，水

medi 中间

mem 记忆，纪念

migra 迁移，流动

mini 小

minu 手

nov 新

number numer 数

oper 工作，操作

pel 推逐，驱

pend 悬挂，垂，待决

Phil 爱

phon 声，音

photo 光

pict 画

popul 人，人民

port 运，带，拿

pos 放置，地点

press 压，按

pur 清，纯，净

rect 正直

rupt 破

sal 盐

sat 足够

sci 知

scope 观察，看见

scrib、scrip 写

sect 切割

sens 感觉

spect 看

sphere 球，球体

spir 呼吸

stereo 固体的，立体的

ten 使结合在一起，保持住，容纳，注意

tend 伸展，扩，绷紧

tract 拖，拉，抽

uni 一，唯一的，统一的

vers 转向

vest 穿衣，衣服

vict、vinc 征服

vis、vid 看

viv 活的，生活

voc 声音，呼唤

（五）词缀法

本方法是最结合传统单词记忆的方法，主要通过前缀和后缀来记忆和扩充词汇量。许多英语单词是在词根基础上，经过添加代表某种含义（代表某种词性）的前缀、后缀，或是经过其他处理演化而来的。从这一角度来说，前后缀法可以降低我们的记忆负担，而且可以判断其词性、词意及应用特点，对我们扩增词汇量有很大的帮助。采用本方法记忆的中小学单词占了十分之一以上。

1.前缀法

by表示业余、副等。

bywork ['baɪ，wɜ˞k] 业余工作——by业余 work工作。

bystander ['baɪstændə] 旁观者——by副 stand站着 er……人——站着的人，而且是不是主要的，即旁观者。

byroad ['baɪrəʊd]小路，僻径——by副 road路——不是主要的路（大路），即小路。

byname 别名，绰号——by业余 name名字——业余的名字，严格的时候不能使用的。

常用前缀：

1）ab- 偏离，脱出。

2）ad-（运动的）方向，变化，添加，附近。

3）ante- 前，在前（before in time or place在前 antecedent先行的）。

4）anti- 反对，非，抗。

5）be- 极度，彻底，在……周围。

6）bi- 二，两，双。

7）circum- 环绕，在……周围。

8）con- 与，共，全。

9）de- 向下，离开。

10）dis- 否定，分离，相反。

11）en- 使成为，使进入。

12）ex- 向外，超出，出自。

13）fore- 以前的，前部。

14）il，ir- 不，无，非。

15）im-，in- 在……内，向……内。

16）in- 不，非，无。

17）inter- 互相，在……之中（间）。

18）intro- 进入，向内，在内。

19）mal- 坏，恶，不良，非法。

20）mis- 坏，恶，错，不。

21）mon- 一，单一的。

22）non- 非，无，不。

23）per- 完全，非常，完美，通过。

24）post- 在……之后，接着……的。

25）pre- 在前，前，预先。

26）pro- 前进，向外，突出。有时包含“赞成”之意。

27）re- 再，重新，退回。

28）sab- 在下面，分支，次要。

29）super- 超过，在……之上。

30）sur- 上，超，过。

31）trans- 横过

2.后缀法

able能…的。

unable [ʌn'eɪb（ə）l]无能力的——un不 able能——不能，无能为力

passable ['pɑːsəb（ə）l] 可通行的——pass通过 able能——能通过的

movable ['muːvəb（ə）l]可移动——mov动 able能——能移动的

acceptable [ək'septəb（ə）l]易接受的——accept接受 able能——能接受的

alterable ['ɔ:ltərəbl]可改变的，可改动的——alter改变 able能——能改变的

常用后缀：

- able 可……的，适于……的，易于……的

- age 总和，地位，状态，行为

- al 具有……特性的（东西），……的动作或过程

- dr 做……的人（器具），动作者，（有时成-or）

- ory 与……有关的（人或物），有……性质的，……的住所

- ate（使）成为，产生，形成

- cian 具有某种技术和技艺的人，专家

- ling 很小（的人或物），少

- ee 受动者

- en 使变成，由……制成

- ful 充满……的，有……特性的

- fy ……化，使成……
- ic 像……的，具有……性质的
- ile 与……有关的，能……的
- ine 有……特性的
- ish 有点儿……的，有……特征的
- ish 使，令
- ism 主义
- ist ……专业人员，……主义者，……的人
- ity 状态，特性，程度
- ive 与……有关的，有……性质（作用）的
- ize 接……方式处理（对待），使成为
- less 没有，不，无
- ly 处于……状态，像……
- ment 行为，产物
- ness ……的状态
- ology 学说，理论，科学
- ous 充满，有……特征，像……的
- ship 地位，状态，品质，关系
- y 有……倾向的，有…的，过于……

（六）词分法

英语中有很多单词是由两个或者两个以上的单词组合而成的。词分法就是为了满足快速记忆单词的需要，将新的单词分解成两个或两个以上熟悉的单词，然后通过想象来记忆的一种方法。单词拆分之后都是熟词的情况就用本方法，采用本方法记忆的中小学单词占了十分之一以上。

1.叠词直接法

这类单词是由简单的单词直接叠起来的，只要知道每个词的意思就知道整体意思。

fourteen　/ˈfɔːˈtiːn/　十四——four四　teen十

blackboard /'blækbɔːd/ 黑板——black黑色 board板

basketball /'bæskɪtbɔːl/ 篮球——basket篮子 ball球

Sunday /'sʌndi/ 周日——Sun太阳 day日

everyone /'evri/ 每一个／只——every每一 one一

grassland /ˈgr ɑ ːslænd/ 草原——grass草 land陆地

online /ˌɒnˈlaɪn/ 在线——on在……上 line线

download /'daʊnləʊd/ 下载——down向下 load载

sometimes /'sʌmtaɪmz/ 有时——some某些 times时间

timetable /ˈtaɪmteɪb（ə）l/ 时刻表——time时间 table表格

so-call 所谓——so所以 call叫

2.合成词理解法

这类单词不是简单地叠起来的，知道每个词的意思还要联想才能知道整体意思。

outcome /ˈautkʌm/n.后果，成果

分析： out出 come来——出来成果啦

behalf /biˈh ɑ :f/ n.利益，维护，支持

分析： be是 half一半

hardship /ˈh ɑ :dʃɪp/ n.艰难，困苦

分析： hard困难 ship船

headquarters /'hed；kwɔ:təz/ n.司令部；总部

分析： head头＋quarters（1/4）

insure /ɪnˈʃuə/ vt.给…保险；确保

分析： in在...里面 sure确定

cargo /'kɑ:gəu/ n.船货，货物

分析： car车 ＋ go去

layout /'leiaut/n.布局，安排，设计

分析： lay放置 out在……外面

meantime /'mi:ntaim/ n.其时，其间

分析：mean意义　＋　　time时间

3.活拆词联想法

这类单词本身不是规则的合成词，而是通过我们的观察发现它们是由其他不同单词组成，从而拆分出来，这类单词知道每个拆分词的意思还要联想才能知道整体意思。

bullet　/'bulit/　n.子弹 ——bull公牛+et外星人——想象公牛和外星人都不怕子弹。

bucket　/'bʌkit/　n.水桶；吊桶 ——buck鹿+et外星人——想象鹿和外星人躲在水桶里面。

offend　/ə'fend/　vt.冒犯——off关 + end结束——想象冒犯中华的外贼被关进监狱并结束他们的命。

hatred　/ˈheɪtrɪd/　n.憎恶，仇恨——hat帽子＋red红色——斗兽场的公牛憎恨帽子是红色的人。

练习挑战：

1.hesitate　/heziteit/　v.犹豫

分析：

记忆：

2. football　/'fʊtbɔ:l/　足球

分析：

记忆：

3. understand　/ˌʌndə'stænd/　懂得，理解

分析：

记忆：

4. assassinate　/ə'sæsineit/　暗杀

分析：

记忆：

5. blackboard　/'blækbɔ:d/　黑板

分析：

记忆：

6. housefly ['hausflai] 家蝇

分析：

记忆：

（七）字母编码法

英语有26个字母，还有数量众多的常用组合字母，赋予这些字母和字母组合某种特定的汉语意义，然后通过联想的手段来记忆单词，这种方法就是字母编码法。字母编码法可以帮助我们更自由地对任何一个单词进行分解。采用本方法记忆的中小学单词占了1/5以上。

1. woo /wu:/ v.求爱

分析： w我+oo眼镜 。

记忆：我戴着眼镜求爱。（墨镜看起来酷点）

2. grip /grip/ n.紧握

分析：gr工人 ip卡 。

记忆：工人总是紧握ip卡。（有钱在里面）

3. log /lɒg/ n.木头

分析：log（109）。

记忆：我吃了109根木头。

4. boom /bu:m/ n.繁荣

分析：boo（600），m米 。

记忆：繁荣的大街有600米宽。

5. mall /mɔ:l/ n.购物商场

分析：ma妈，ll（11）。

记忆：妈妈开了11家购物商场。（真是富婆啊）

6. trap /træp/ n.圈套，陷阱

分析：tr土人， ap阿婆。

记忆： 土人把阿婆推到陷阱。（真是缺德啊）

7.hippopotomonstrosesquippedaliophobia （36个字母）

n.长单词恐惧症，持续的、反常的、没有根据的对长单词的害怕。

分析：hi嗨 pp屁屁 o圆p屁o圆t伞o圆m妈o圆nstr女石头人o圆 se色s美女qu去i我pp屁屁e鹅dali大力op哦屁h好o圆bi笔a啊。

记忆：嗨，屁屁圆屁圆，伞圆妈圆女石头人圆，色美女去我屁屁，鹅大力哦屁，好圆笔啊。

8.honorificabilitudinitatibus　（27个字母）

n. 不胜光荣

分析：h好o圆n你o圆ri日f斧头ic卡a啊bili比力tudi徒弟ni你ta他ti踢bus公车。

记忆：好圆你圆，日斧头ic卡啊，比力徒弟你和他踢巴士。

9.electroencephalography　（22个字母）

英[ɪ'lektrəʊensefə'lɒgrəfɪ]　　美[ɪ'lektroʊensefə'lɒgrəfɪ]

n. 脑电图学，脑电描记法

分析：ele饿了ctr磁铁人 o圆en嗯 ce厕p屁ha哈lo像10，gr工人 ap阿婆 hy好友。

记忆：饿了磁铁人圆嗯厕所放屁，哈哈像10个工人阿婆好友。

英语字母编码表

字母	编码 1	你自己的编码
A a	一个	
B b	不、笔	
C c	月牙	
D d	弟弟	
E e	衣服、鹅	
F f	斧头	
G g	哥	
H h	好、椅子	
I i	我、哑铃	
J j	吊钩、鱼钩	
K k	砍、机关枪	
L l	棍子、金箍棒	
M m	妈	
N n	你、门	
O o	球、呼啦圈	
P p	屁、皮鞋	
Q q	小旗	
R r	人、小草	

S s	美女、蛇	
T t	踢、伞	
U u	桶	
V v	漏斗	
W w	我、锯子	
X x	剪刀	
Y y	弹弓	
Z z	鸭子	

温馨提示：

字母的编码途径有如下几种：

（1）利用谐音，根据字母的英文发音，来寻找与其相似的汉语发音，如“P”我们可以以谐音为“皮、劈、屁、琵（琶）”。

（2）利用汉语拼音，比如字母“W”汉语拼音中发音类似“乌”，就把它记成“乌鸦”又如“ab”容易让人想起“阿爸”。

（3）形象化，比如字母“C”形状像弯弯的月牙，“C”的编码就是月牙，母字“n”的编码是门。

（4）数字化，数字化的情况不是很多，比如单词“log”（木头的意思）像数字“109”ZOO动物园）像数字“200”字母“b”像数字6，字母“I”像数字1等。

英语字母组合编码表

下表中的编码仅供参考，你可以根据编码的原则，创造出熟悉的编码。

ab	阿伯	ad	阿弟
able	能	ae	阿姨
ac	ac 米兰	af	阿飞
ag	阿哥、银	fl	俘虏
ah	爱好	fr	夫人
ai	爱	ful	服了
aj	按键	gl	91、公路
ak	冲锋枪	gr	工人
al	阿拉、铝	ic	IC 卡
am	是	im	我是
an	一个、按	ing	鹰
ap	阿婆	ism	一条蛇妈妈
ar	爱人	ive	夏威夷

au	金	less	立死
ba	爸爸	lish	历史
bc	不错	list	名单
be	是	lize	赖子
bf	报复	ly	梨
bl	玻璃、81	ment	门徒
br	病人	ness	溺死
ca	擦、钙	oa	圆帽
cd	光碟	oo	望远镜
ce	厕、测	or	或者
cf	财富	ou	殴
cg	成功	ph	pH 值 \ 电话
ch	吃	pl	漂亮
ck	残酷	pr	仆人
cl	齿轮、处理	sh	是
co	一氧化碳	sion	神
com	电脑	sl	司令
cr	超人	squ	死去
cu	粗、醋	st	尸体、试题
cw	错误	sw	生物
ding	顶	th	天河、屠户
dr	敌人、大人	ting	听、停
ee	眼睛	tr	土人、土壤
er	儿、耳	un	不
et	外星人	wh	王后
ff	夫妇		

（八）字母熟词法

拆分单词总共有3种情况：一是全部都为字母或其组合，二是部分字母和部分是单词，三是全部是单词。字母熟词法就是第二种。字母熟词法就是字母做编码和熟词一起联想。采用本方法记忆的中小学单词占了五分之一以上。

字母熟词法

1. pant　　/pant/　vt.&n.喘气

分析：p皮鞋+ant蚂蚁 。

记忆：皮鞋里的蚂蚁在喘气。（鞋子太臭了）

2. spill　　/spil/　vt.使溢出

分析：s美女+ pill药丸 。

记忆：美女从药丸里溢出来。

记忆：美女和汽车在这城市太缺乏了吧。

3. ahead　/ə'hed/ 在前面

分析：a一个 head头 。

记忆：将来的我们是不是也是只有一个头呢？

4. bride　/braid/ 新娘

分析：b不 ride骑 。

记忆：新娘是不能乱骑的。

5. bear　/beə/　熊；忍受

分析：b不 ear耳朵 。

记忆：熊忍受不了耳朵听到的鬼叫声。

6. dear　/diə/　亲爱的

分析：d大 ear耳朵 。

记忆：亲爱的，你有一双大耳朵。

7.ally　/'ælai，ə'lai/　与某人结盟

分析：all所有的 y爷 。

记忆：所有的爷爷都曾经和奶奶结盟。

（九）字母反拼法

pot /pɒt/　n.罐；锅；壶——top

wolf 狼——flow流动

（十）字母换位法

boast自夸

分析：boat船 s美女——船上的美女在自夸。

（十一）字母起源法

传说中每个字母都有自己特定的含义，比如c表示坑、洞或卡的意思，所以很多包含字母c的单词与坑、洞或卡有关，比如car汽车这个单词读音听起来像“卡”；又如cook烹调，烹调就要放在一个坑（锅）里面来实行。这样看来，运用字母起源法来记单词还是挺不错的，但是说实话，这个方法事实上也

需要用到联想法等，所以这个方法在此不再重复，大家有兴趣可以到网上查询了解一下。

（十二）读音对比法

通过对比读音相同或相近的单词，我们在做听力题的时候能够更加精准地抓住所听内容的意思，另外一方面通过对比也可以快速增加单词量。

two二 —— too也 ——to到

grade年级 —— great伟大的

daughter女儿 ——doctor医生

writer作家 ——lighter较轻的、打火机

（十三）形状对比法

1.同形单复数法

good 好的——goods商品

spirit 精神——spirits 烈性酒

wood 木材——woods树林

short 短的——shorts短裤

2.近形辨析法

blue蓝色—— glue胶水

potato土豆 ——tomato西红柿

apply　　/əˈplai/ 申请

分析：通过对比apple（苹果）来记忆。

alter　　/ˈɔ:ltə(r)/　　v.改变

分析：通过对比after（以后）来记忆。

gaze　　/geiz/　v.盯

分析：通过对比game（游戏）来记忆。

sheet　　/ʃi:t/　n.被单

分析：通过对比sheep（绵羊）来记忆。

policy　　/ˈpɔləsi/　　n.政策

分析：通过对比police（警察）来记忆。

mood　　/muːd/ 心情

分析：通过对比wood（木的）来记忆。

sight　　/sai/　视力

分析：通过对比light（光线）来记忆。

mouse　　/maʊs/ 老鼠

分析：通过对比house（房子）来记忆。

dank　　/dæŋk/n.　　潮湿的

分析：通过对比bank（银行）来记忆。

cave　　/keiv/ 洞穴

分析：通过对比cafe（咖啡）来记忆。

bake　　/beik/ 烘烤

分析：通过对比take（拿走）来记忆。

feather　　/ˈfeðə/ 羽毛

分析：通过对比father（爸爸）来记忆。

（十四）意义对比法

1.同义集合法

also，too也

above， on， over在……上

autumn， fall 秋天

worry， anxiety 紧张

2.近义集合法

father爸爸 —— mother妈妈

uncle叔叔 ——aunt 阿姨

son儿子 ——daughter女儿

3.图表集合法

学会使用图表把相近的单词集中起来。

王后								
人称	第一人称		第二人称			第三人称		
物主代词	单数	复数	单数	复数		单数		复数
人称代词	I	we	you	you	he	she	it	they
形容词性物主代词	my	our	your	your	his	her	its	their
名词性物主代词	mine	ours	yours	yours	his	hers	its	theirs

4.反义对比法

actor 男演员—— actress女演员

host男主人 —— hostess女主人

waiter 男服务员—— waitress女服务员

same同样 —— different不同的

第四节　短语

在过去，对于短语，我们只能通过多读多写来死记硬背。但随着记忆法的研究实践和传播，一种强烈的需求促使我们下定决心去攻克这一课题。我们发现有些短语总是容易混淆，需要反反复复地记忆，这消耗了太多时间，效率低下。其实短语记忆需要从两方面着手，一是理解，二是多读。当你理解之后记忆就轻松了很多，已经形成短语的短期记忆了，如果要变成长期记忆，最好的办法就是理解后多读。以下这些短语主要来自中考必须掌握的动词短语，实用性非常强，初中的同学重点消化一下哦。

1.ask for 要求...

分析：ask问，要求 for为了。

记忆：为了……而要求就是要求。

2.begin with 以……开始

分析：with和、用。

记忆：用什么开始就是以什么开始。

3.belong to 属于

分析：to给。

记忆：给我的就属于我的。

4.break away from 打破陈规；奋力挣脱；放弃习惯

分析：away离开 from从。

记忆：从常规里离开就是打破常规。

5.break down 破坏，出毛病，拆开

分析：down向下。

记忆：向下砸东西就是搞破坏。

6.break in 破门而入，打断

分析：in在……里面。

记忆：打破门而到屋里就是破门而入。

7.break into 破门而入，突然…起来

分析：into到……里面。

记忆：打破门到屋子里面就是破门而入。

8.break off 暂停，中断

分析：off终止、离开。

记忆：打破终止，不能终止就是暂停和中断。

9.break through 出现，突破

分析：through经过。

记忆：打破瓶颈，经过训练就能突破，出现好成绩。

10.break up 打碎，拆散，分裂、分解

分析：up向上。

记忆：向上丢东西掉下来也会打碎的。

11.call（up）on sb to do sth 叫（请）某人做某事

分析：call 叫 （up）on在……上 sb.某人 to do sth. 做某事。

记忆：叫上某人做某事。

12.call（up）on sb 拜访或看望某人

分析：on在……上面。

记忆：在天空上面我也要打电话拜访你。

13.call at a place （车船等）停靠；到某地拜访

分析：call at拜访 a place某地

14.call away 叫走，叫开…；转移（注意力等）

分析：away离开。

记忆：叫人离开就是叫走。

15.call back 唤回； 回电话

分析：back回来。

记忆：喊回来就是唤回，打电话回头就是回电话。

16.call for sth（sb）喊着叫某人来，喊着叫人取来某物

分析：call叫 for 为了 sth（sb）某事（某人）。

记忆：呼叫着为了叫某人来。

17.call for 需要，要求

分析：call喊，叫 for为了。

记忆：我在喊叫是为了要求。

18.call in 叫进，请进； 找来，请来；来访；收回

分析：in在……里面。

记忆：叫到里面来就是叫进。

19.call off 取消； 叫走，转移开

分析：off离开。

记忆：叫人都走，活动取消了，叫人离开就是叫走。

20.call sb sth 为某人叫某物

分析：call 叫 sb 某人 sth 某物

记忆： 叫某物给某人。

21.call up 给……打电话； 想起，回忆起； 召集，应召入伍

分析： call 叫，唤醒 up上。

记忆： 应召入伍要叫上我哦。

22.care about 担心，关心；在乎，介意

分析： care 关心 about 关于……，对……

记忆： 关于这事我很关心。

23.care for 关心，关怀，照顾

分析： care 关心 for 为了……

记忆： 关心你是为了你好。

24.catch a cold 患感冒

分析： catch 抓住、感染 cold 感冒、冷。

记忆： 感染了感冒就是患感冒。

25.chop down 砍倒

分析： chop砍 down 下。

记忆： 砍下来就是砍倒

26.clean out 清除；把……打扫干净

分析： clean打扫 out 出去。

记忆： 把东西打扫出去就是清除。

27.clean up 把……打扫干净，把……收拾整齐

分析： clean 打扫 up 起来。

记忆： 打扫起来，把房子收拾干净。

28.come in 进来

分析： come来 in 里面。

记忆： 来到里面就是进来。

29.come on 来临/ 快点

分析： come来 on在……上。

记忆： 在路上了，你来快点。

30.come out 出版，结果是

分析： come来　out 出去、出来。

记忆： 书出来的结果是因为出版。

31.come over 走过来

分析： come 来 over越过。

记忆： 越过围栏走过来。

32.come true 实现

分析： come来、变成 true 真实。

记忆： 梦想变成真实就是实现了梦想。

33.come up with 提出，想出

分析： come 来 up 起来 with和 。

记忆： 来，起来和我去和老师提出请假要求。

34.come up 发芽，走近

分析： come 来 up 起来。

记忆： 芽长起来了就是发芽。

35.cut in line 插队

分析： cut 切入　in在……里　line 队。

记忆： 切入到队里就是插队。

36.cut up 连根拔除，切碎

分析： cut 切 up 起来。

记忆： 把根弄起来切碎就是连根拔除。

37.depend on 依靠；取决于

分析： depend 依靠 on 在……上面。

记忆： 依靠在上面。

38.die out 绝种

分析： die死　out 出局。

记忆： 死了出局了就是绝种了。

39.do some cleaning 打扫

分析： do 做　some 一些　cleaning 清洁。

记忆： 做些清洁工作就是要打扫一下。

40.dream about 梦到……

分析： dream 梦 about 关于……

记忆： 你梦到的是关于什么的呢。

41.dress up 打扮

分析： dress给……穿衣 up 起来。

记忆： 给脸穿衣起来就是打扮。

42.drop by/in 顺便拜访

分析： drop 掉下 by/in 在……

记忆： 从天掉下到你家就顺便拜访一下你家吧。

43.end up 到达或来到某处；达到某状态

分析： end 结束 up 起来，到。

记忆： 结束了，现在到了这个状态。

44.enjoy oneself 玩得痛快，过得快乐

分析： enjoy 享受 oneself 自己。

记忆： 自己享受也是可以玩得痛快的。

45.fall asleep 睡着，入睡

分析： fall 落下 asleep 睡觉。

记忆： 头落下了枕头就想睡觉睡着。

46.fall down 掉下，跌倒

分析： fall 落下 down 下。

记忆： 落下来就是掉下。

47.fall in love with 爱上

分析： fall 落下 in 在……里 love 爱 with 和。

记忆： 落在……的爱里就是爱上……

48.fall into 落入；陷入

分析： fall 落下 into 在……

记忆： 落下在……就是落入。

49.fall off 从……掉下

分析： fall 落下 off 离开

记忆： 从……落下离开就是从……掉下

50.fall out 与……争吵

分析： fall 落下 out 出去。

记忆： 谁从天落下我就出去与他争吵。

51.feed on 以……为食

分析： feed 靠……为生 on 在……上面。

记忆： 在地上靠什么为生就以……为食。

52.feel like doing sth. 想做某事

分析： feel 感觉 like 喜欢 doing 做sth. 某事。

记忆： 感觉喜欢做某事就是想做某事。

53.fight against 争取克服、战胜……

分析： fight 战斗 against 对阵。

记忆： 无论跟谁战斗和对阵我们都要战胜。

54.fight for 争取获得……

分析： fight 战斗 for 为了。

记忆： 为了争取……而战斗。

55.find out（经研究或询问）获知某事

分析： find 找出 out出来。

记忆： 把真相找出来就能获知某事。

56.get away 逃跑，逃脱，去休假

分析： get 获得 away 离开。

记忆： 获得离开的机会就逃跑。

57.get back 取回，收回

分析： get 获得 back 回来。

记忆： 获得回来就是要取回。

58.get down 下来，记下，使沮丧

分析： get 获得 down 下来。

记忆：要想获得知识就记下笔记来吧。

59.get in 收割

分析：get 获得 in 在……里。

记忆：在田里获得收获就是要收割。

60.get on 进展，进步，穿上，上车

分析：get 到达 on 在……上面。

记忆：在……上面到达了什么程度就是进展。

61.get out 出去。

分析：get 到 out 出去。

记忆：到外面就是出去。

62.get over 克服，从疾病中恢复

分析：get 到达 over 越过。

记忆：从疾病上越过就是克服疾病，恢复过来。

63.get together 相聚，聚会

分析：get 到达 together 一起。

记忆：大家到一起就是聚会。

64.get up 起床

分析：get 到达 up 起来。

记忆：到达起来的时间就起床。

65.give a talk 做演讲

分析：give 给 a 一个 talk 谈话。

记忆：给大家一个谈话就是做演讲。

66.give away 赠送，泄露，出卖

分析：give 给 away 离开。

记忆：赠送别人的东西肯定离开你了。

67.give back 归还

分析：give 给 back 返回。

记忆：人家给的东西要返回就是归还。

68.give in（to sb）屈服

分析：give 给 in 在……里（to sb）对某人。

记忆：在学校里面我屈服老师的管理。

69.give out 发出，疲劳，分发

分析：give 给 out 出去。

记忆：给出去就是发出。

70.give sb, a hand 帮某人的忙

分析：give 给 sb.某人 a hand 一个手（一臂之力）。

记忆：给某人一臂之力就是帮某人的忙。

71.give sb. a lift 让某搭便车

分析：give 给 sb. 某人 a lift 一个电梯。

记忆：给某人一个电梯就相当于给某人搭便车。

72.give up 放弃，让（座位）

分析：give 给 up 起来。

记忆：你给我起来，千万不能放弃。

73.go against 违反

分析：go 走、进行 against 对抗。

记忆：进行对抗学校是违反规定的。

74.go by 时间过去

分析：go 走 by 通过。

记忆：时间走了通过就是时间过去。

75.go down 降低，（日、月）西沉

分析：go 走 down 下。

记忆：向下走就是降低。

76.go home 回家

分析：go 去 home 家。

记忆：去，回家。

77.go off 熄灭

分析：go 走 off 关闭。

记忆：火走向关闭就是熄灭。

78.go over 复习，检查

分析：go 去 over 越过。

记忆：去越过书本就是复习。

79.go to bed 上床睡觉

分析：go to 去 bed 床。

记忆：去到床上就是想睡觉。

80.hand in 交上，提交

分析：hand 手 in 在……里 。

记忆：交上作业，作业本就在老师手里了。

81.hand on 稍等，别挂电话，坚持

分析：hand 手 on 继续着。

记忆：手继续拿着话筒，稍等别挂断。

82.hand out 分发

分析：hand 手 out 出去。

记忆：从手分发出去就好了。

83.hand up 举手，挂断电话

分析：hand 手 up 起来。

记忆：手举起来。

84.hang out 闲逛

分析：hang 悬挂 out 外面。

记忆：把自己挂在外面就是你闲逛的结果。

85.have fun/a good time 玩得愉快

分析：have 有 fun乐趣 /a good 好的 time 时光。

记忆：有趣，好时光就要玩得愉快。

86.have on 穿着……

分析：have 有 on 在……上面。

记忆：有衣服在身上面就是穿着衣服。

87.have to 不得不

分析： have 有 to 向。

记忆： 有钱不得不给老婆保管。

88.have/take a look 看一看

分析： have/take 获得 a 一 look 看。

记忆： 获得看一看就看一看。

89.hear about 听到……的事，听到……的话

分析： hear 听 about 关于……

记忆： 听到关于……的话。

90.hear from sb. 收到某人的来信

分析： hear 听到from 来自……sb. 某人。

记忆： 听到来自某人的消息是因为受到某人的来信。

91.hold one's breath 屏住呼吸

分析： hold 控制 one's 某某的 breath 呼吸。

记忆： 控制某某的呼吸就是屏住呼吸。

92.hold up 举起，使停顿

分析： hold 拿着 up 起来。

记忆： 拿起也是举起。

93.keep a promise 遵守诺言

分析： keep 遵守 a promise 诺言。

94.keep away from 避开，不接近，

分析： keep 保持 away 离开 from 从……

记忆： 保持离开的状态就是避开。

95.keep down 使……处于低水平

分析： keep 保持 down 低、下。

记忆： 保持低的水平。

96.keep fit 保持健康

分析： keep 保持 fit 健康的。

97.keep from 克制，阻止

分析： keep 保持 from 从……

记忆： 保持镇定，从来不浮躁。

98.keep on 继续，坚持下来

分析： keep 保持 on 继续。

记忆： 保持继续就是坚持下来。

99.keep out 不使……进入

分析： keep 保持 out 外面。

记忆： 保持在外面就是不让……进入。

100.keep out/off 使在外，止步

分析： keep 保持 out/off 使在外，止步 。

101.keep quiet 保持安静

分析： keep 保持 quiet 安静 。

102.keep up with 跟上

分析： keep 保持 up 上 with 一起。

记忆： 保持跟上一起。

103.knock at/on 敲

分析： knock 敲 at/on 在……

104.knock into 撞到某人身上

分析： knock 敲 into 在……里。

记忆： 敲一下就撞到身上了。

105.know about 了解

分析： know 知道 about 关于。

106.know well 熟悉

分析： know 知道 well 很好。

记忆： 知道的很好就是很熟悉。

107.laugh at 嘲笑……

分析： laugh 嘲笑 at 在……

108.learn about 获悉，得知，认识到

分析： learn 熟悉 about 关于……

109.learn from 从/向……学习

分析： learn 学习 from 从/向……

110.learn…by oneself 自学

分析： learn学习…by oneself 靠自己。

记忆： 靠自己学习就是自学。

111.leave a message 留口信

分析： leave 留下 a message 口信。

112.leave for 离开前往

分析： leave 离开 for 为了、到……

记忆： 为了你，我离开前往北京吧。

113.lie down 躺下

分析： lie 躺down 下。

114.listen to 听

分析： listen 听 to 对……

115.live in 住在……

分析： live 住 in 在……

116.live on 以……为主食

分析： live 生存 on 以……

117.look after 照顾

分析： look 看 after 以后。

记忆： 看了你以后我决定要照顾好你。

118.look at 看

分析： look 看 at 在……

119.look for 寻找

分析： look 看 for 为了。

记忆： 为了……而看是寻找。

120.look forward to 盼望

分析：look 看 forward 往前 to 对。

记忆：往前看是在盼望远方的你归来。

121.look like 看起来像

分析：look 看起来 like 像。

122.look out（for）当心

分析：look 看 out（for）外面。

记忆：看外面那么乱，要当心啊。

123.look the same 看起来一样

分析：look 看起来 the same 一样 。

124.look through 翻阅，浏览

分析：look 看 through 从头到尾。

125.look up 查找，向上看

分析：look 看 up 向上。

126.major in 主修

分析：major 主修 in 在……

127.make a decision 做决定，下决心

分析：make 做 a decision 决定。

128.make a living 谋生

分析：make 做 a living 生活。

记忆：很多人做工作谋生是为了生活。

129.make a noise 制造噪声

分析：make制造 a noise 噪声。

130.make a promise 许下诺言

分析：make 制造 a promise 诺言。

记忆：制造诺言就是许下诺言。

131.make faces/a face 做鬼脸

分析：make 做 faces/a face 脸。

记忆：做脸一般就是做鬼脸。

132.make friends with 与……交朋友

分析： make 做 friends 朋友 with 与……

记忆： 与……做朋友就是与……交朋友。

133.make fun of 取笑

分析： make 制造 fun 玩笑of 对……

记忆： 对谁制造玩笑就是取笑谁。

134.make into / of / from 制成

分析： make 制造 into / of / from 成为。

135.make mistakes/a mistake 犯错误

分析： make 做 mistakes/a mistake 错误。

记忆： 做错误就是犯错误。

136.make one's bed 铺床

分析： make 做 one's bed 某人的床。

记忆： 做好某人的床铺就是铺床。

137.make oneself at home 随便，无拘束

分析： make 做 oneself 自己 at home 在家。

记忆： 做回你自己就像在家一样随便，无拘束。

138.make progress 取得进步

分析： make 制造 progress 进步。

记忆： 制造进步就是取得进步。

139.make sure 确信，查明

分析： make 使……sure 确定。

记忆： 使你确定就是要你确信。

140.make tea 沏茶

分析： make 做 tea 茶。

记忆： 做好茶就是沏茶。

141.make up one's mind 下定决心

分析： make 做 up 起来 one's mind 某人的头脑。

记忆： 下定决心做事做起来就很简单。

142.make up 编造，打扮，组成

分析：make 做 up 起来。

记忆：编造的东西很难做起来。

143.make/earn money 赚钱

分析：make/earn 做 money 钱。

144.marry sb 与某人结婚

分析：marry 与……结婚 sb 某人。

145.mistake…for…把……误认为是……

分析：mistake误会 for 是……

记忆：误认为是……

146.mix up 混合、搀和

分析：mix 混合 up 起来。

147.open up 打开，张开；开发

分析：open 打开 up 上。

148.pass by 经过

分析：pass 经过 by 经过……

149.pass down（on）…to 传给

分析：pass 传递 down（on）…to 给。

150.pay attention to 注意，留心

分析：pay 付出 attention 注意 to 对……

151.pay back 还钱，报复

分析：pay 支付 back 返还。

记忆：支付钱返还给人家就是还钱。

152.pay for 付钱，因……得到报应

分析：pay 支付 for 因……

153.pick out 挑选，辨认，看出

分析：pick 挑选 out 出来 。

记忆：从人群中挑选出来就是辨认和看出来。

154.pick up 拾起，接人，站起，收听

分析： pick 捡 up 起来。

155.play sports 做运动

分析： play玩 sports 运动。

记忆： 玩运动就是做运动。

156.point at 指向，瞄准

分析： point 指向 at 在……

157.point out 指出

分析： point 指 out 出来。

158.point to 指着，朝向

分析： point 指 to 对……，方向。

159.prepare for sth. 为某事做准备

分析： prepare 准备 for sth. 为某事。

160.prevent sb.（from）doing sth 阻止某人做某事

分析： prevent 阻止 sb.某人（from）doing sth 做某事。

161.protect…from… 保护……免遭……

分析： protect保护 from… 从……

记忆： 从……把你保护起来就是保护你免遭……

162.provide sb. with sth为某人提供某物

分析： provide 提供 sb. 某人 with 用…sth 某物。

163.provide sth. for sb. 为某人提供某物

分析： provide 提供 sth. 某物 for 给 sb. 某人。

164.put aside 放到一边

分析： put 放 aside 一边。

165.put away 放好，存钱

分析： put 放 away 离开。

记忆： 离开房子的时候要放好钱。

166.put back 放回

分析： put 放 back 回。

167.put down 记下，平息

分析： put 放 down 下 。

记忆： 放下放倒他们就是要平息他们。

168.put into 放进，翻译

分析： put 放 into 在……里。

记忆： 放到里面就是放进。

169.put off 推迟

分析： put 放 off 离开。

记忆： 放你离开，但要推迟时间。

170.put on 穿戴，上映

分析： put 放 on 在……上面。

记忆： 放衣服在身上就是穿戴了。

171.put out 伸出，扑灭

分析： put 放 out 出。

记忆： 把手放出来就是伸出手。

172.put up 张贴，举起

分析： put 放 up起来，上。

记忆： 放起来放到墙上就是张贴墙上了。

173.receive a letter from sb. 收到某人的来信

分析： receive 收到 a letter 一封信 from 从sb. 某人。

记忆： 从某人那里收到一封信。

174.regard…as… 把……看作……

分析： regard把……看作 as…

175.remind sb. of sth. 使某人想起某事

分析： remind 提醒 sb. 某人 of关于…sth. 某事。

176.reply to 回答，答复

分析： reply 回答 to 给……

177.return sth. to… 把某物还给……

分析： return 归还 sth. 某物 to… 给……

178.return to sp. 返回某地

分析： return 返回　to到　sp. 某地。

179.ring sb.（up）　给某人打电话

分析： ring 打电话　sb.（up）某人。

180.run after 追逐，追捕

分析： run 跑　after 后面。

记忆： 跑在后面就是追逐前面的。

181.run away 逃跑

分析： run 跑　away 离开。

记忆： 跑了离开了就是逃跑。

182.run off 跑掉，迅速离开

分析： run 跑　off 离开。

183.run out of 用完

分析： run 跑 out 出去 of 关于。

记忆： 汽油都跑出去了，就用完了。

184.save money 省钱，存钱

分析： save 节省，保存　money 钱。

185.save one's life 挽救某人的生命

分析： save 挽救　one's life 某人的生命。

186.say goodbye to sb. 向某人告别

分析： say 说 goodbye 告别 to 向 sb. 某人。

187.say hello to… 向……问好

分析： say 说　hello你好　to… 向。

188.search for 搜索，搜查

分析： search 搜索　for 为了……

记忆： 为了真相而搜索。

189.seem like 看起来像

分析： seem 显得　like 像

记忆： 显得像看起来就像。

190.sell out 卖完、售完

分析： sell 卖 out 出去。

记忆： 全部都卖出去了就是卖完了。

191.send away 开除，解雇

分析： send 送 away 离开。

记忆： 送你离开公司就是开除你了。

192.send for 派人去请

分析： send 派遣 for 为，请……

193.send out 发出，放出，射出

分析： send 发送 out 出。

194.send up 发射

分析： send 发送 up 上。

记忆： 向上发送火箭就是发射了。

195.set off 激起，引起

分析： set 树立 off 离开。

记忆： 树立敌人，激起民愤你还是离开的好。

196.set out 放出，发出

分析： set 树立 out 出。

记忆： 树立的东西我想放出外面。

197.set up 建立

分析： set 树立 up 起来。

198.show off 炫耀

分析： show 表演，炫耀 off 离开。

199.show sb. around 带领某人参观

分析： show 展示 sb. 某人 around 周围。

记忆： 展示周围给某人看一下就是带领某人参观。

200.show up 出席；露面

分析： show 展示 up 起来。

记忆： 在活动上展示起来就是出席。

201.speak to/with sb. 同谋人讲话

分析： speak 说话 to/with 对、和……sb. 某人。

202.stand out 突显，引人注目

分析： stand 站着 out 外面。

记忆： 站在外面很突显，引人注目。

203.stand up 起立，站起来

分析： stand 站立 up 起来。

204.start with 以……开始

分析： start 开始 with 以……

205.stay at home 待在家里

分析： stay 留下 at 在 home 家。

206.stay away from 远离

分析： stay 坚持 away 离开 from 从……

记忆： 坚持从你身边离开就是要远离你。

207.stay up 不睡觉；熬夜

分析： stay 坚持 up 起来。

记忆： 坚持一下，起来不睡觉就是熬夜了。

208.stay/keep healthy 保持健康

分析： stay/keep 保持 healthy 健康的。

209.step out of 跨步走出

分析： step 跨步 out 出去 of 从……

210.stop sb.（from）doing sth. 阻止某人做某事

分析： stop 阻止 sb. 某人（from）doing sth. 做某事。

211.stretch out 伸展……

分析： stretch 伸展 out出去。

记忆： 把手伸展出去

212.succeed in doing sth. 成功地做某事

分析： succeed 成功 in doing sth. 在做某事。

213.take a message for sb. 给某人捎口信

分析： take 拿 a message 口信 for sb. 给某人。

214.take a walk 散步

分析： take 获得 a walk 散步。

215.take after 与……相像

分析： take 获得 after 以后。

记忆： 获得你的真传以后，我的水平与你相像。

216.take away 拿走

分析： take 拿 away 离开。

记忆： 拿着使离开就是拿走。

217.take back 收回

分析： take 取 back 回。

218.take care of 照顾

分析： take 采取 care 关心 of 属于……

记忆： 对你采取关心就是属于照顾你。

219.take care 当心

分析： take 采取 care 小心。

记忆： 采取小心就是当心。

220.take down 记录，取下

分析： take 拿 down 下。

记忆： 拿笔来记录下。

221.take it easy 别着急，慢慢来

分析： take 拿 it 它 easy 容易。

记忆： 拿下它是很容易的，别着急。

222.take off 脱掉，起飞

分析： take 拿 off 下。

记忆： 把衣服拿下来就是脱掉衣服了，脱掉衣服就可以起飞了。

223.take out 掏出

分析： take 拿 out 出。

记忆：拿出东西就是掏出东西。

224.take over 接受，接管

分析：take 接受 over 结束。

记忆：接受别人的接管你就要结束了。

225.take place 发生

分析：take 拿 place 地方。

记忆：拿下这个地方肯定会发生战争。

226.take pride in 以……为自豪, 为…… 而自豪

分析：take 拿 pride 骄傲 in 以……

记忆：以你的成绩拿来当作骄傲的资本也是可以的。

227.take some medicine 吃药

分析：take 拿 some 一些 medicine 药。

记忆：拿些药来吃。

228.take the place of 代替

分析：take 拿 the place 位置 of 属于……

记忆：拿下那个位置就是想代替你了。

229.take turns 轮流

分析：take 采取 turns 轮番。

记忆：采取轮番就是轮流。

230.take up 从事，占用（时间空间）

分析：take 拿 up 起来。

记忆：拿起来扫把就是从事清洁工作吗?

231.take/have/show interest in 对……感兴趣

分析：take获得 /have有 /show 表现 interest 兴趣 in 对……

232.talk about 讨论……

分析：talk 谈论 about 关于……

233.talk to/with sb. 和某人交谈

分析：talk 谈论 to/with 和 sb. 某人。

234.tell a joke 讲笑话

分析：tell 讲 a joke 笑话。

235.tell a lie/lies 说谎

分析：tell 说 a lie/lies 说谎。

236.tell a story 讲故事

分析：tell 讲 a story 故事。

237.think about 考虑

分析：think 想 about 关于……

238.think of 想起，考虑，对……看法

分析：think 想 of 属于……

239.think out（自然）想出办法

分析：think 想 out 出。

240.think over 仔细考虑

分析：think 想 over 从头到尾。

记忆：从头到尾都想了就是仔细考虑了。

241.think up 想出（设计出、发明、编造）

分析：think 想 up 起来。

记忆：想起来了就是想出了。

242.throw away 丢弃……

分析：throw 丢 away 离开……

记忆：丢开就是丢弃。

243.try on 试穿……

分析：try 尝试 on 在……上面。

244.try one's best 尽力

分析：try 尝试 one's 某人的 best 最好。

记忆：尝试做到某人的最好就是尽力。

245.turn back 返回，转回去

分析：turn 转向 back 回去。

记忆：转回，又转回去。

246.turn down 调低，拒绝

分析： turn 转向 down 低。

记忆： 转向低的就是调低。

247.turn left 左拐

分析： turn 转向 left 左。

记忆： 转向左就是左拐了。

248.turn off / on 打开

分析： turn 转向 off / on 关闭/打开。

249.turn right 右拐

分析： turn 转向 right 右。

250.turn round 转过身来

分析： turn 转向 round 圆形。

记忆： 你转一个圆形才能转过身来。

251.turn to 翻到，转向，求助

分析： turn 转 to 向。

252.turn up 向上翻，出现，音量调大

分析： turn 转向 up 向上。

253.use up 用完

分析： use 用 up 起来。

记忆： 用完了餐就起来走吧。

254.vote on 对……进行投票

分析： vote 投票 on 对……

255.wait for 等待……

分析： wait等待 for 给……

256.wait in line 排队等候

分析： wait 等待 in 在……里 line 队伍。

记忆： 在队伍里等就是排队等候。

257.wake sb. up 唤醒某人

分析： wake 唤醒 sb. 某人 up 起来。

记忆：唤醒某人起来。

258.work for 为……工作

分析：work 工作 for 为……

259.work out 产生结果；发展；成功

分析：work 工作 out 出来。

记忆：出来工作终于产生结果，有发展和成功了。

第五节 句子

句子包含了单词、短语、句型和语法等知识，所以只要有足够的句子储备，你就有了大的词汇量和短语积累，以及相当丰富的语法知识。同时，通过背诵大量的英语句子，你还拥有了一定的口语能力。英语句子的记忆方法和中文的句子记忆差不多，主要多了翻译这一个步骤，我们同样可以使用万能记忆或者故事画面法，我们这里给大家示范的是数字定位法。数字定位法在全脑口诀第三招里讲解过，主要的方法就是把所要记忆的内容和数字代码进行连接。

单句挑战

No. 1

How are you feeling today?（今天你觉得怎么样？）

01铅笔——How are you feeling today? 可以想象你在问铅笔今天觉得怎么样。

No. 2

Mr.Lan is a handsome man.（蓝先生是个帅哥。）

02鸭子——Mr.Lan is a handsome man.想象鸭子长得很帅。

No. 3

She gives me a big headache.（她让我头痛。）

03耳朵——She gives me a big headache.想象你捂着耳朵说“她让我头痛”。

No. 4

What's wrong with you? 你怎么啦?

04红旗——What's wrong with you? 可以想象红旗从旗杆上掉下来，然后你走过去关心地问它："你怎么啦?"

No. 5

Everything is so expensive in Beijing.（在北京什么东西都那么昂贵。）

05吊钩——Everything is so expensive in Beijing.可以想象吊钩在北京卖得很贵，因为北京什么东西都那么昂贵。

No.6

Who is that girl with you last night.（昨晚和你在一起的女孩是谁？）

06手枪——Who is that girl with you last night.想象警察拿着手枪问囚犯："昨晚和你在一起的女孩是谁？"。

No.7

I have a very happy family.（我有一个很幸福的家庭。）

07拐杖——I have a very happy family.想象你120岁了扶着拐杖说："我有一个很幸福的家庭。"

No.8

I lost my job yesterday.（我昨天丢了我的工作。）

08葫芦——I lost my job yesterday.想象葫芦娃和你说："我昨天丢了我的工作。"

No. 9

I love money.（我喜欢钱。）

09猫——I love money.猫很喜欢钱。

No. 10

How did you become so successful? （你是如何取得如此大的成功的？）

10石头——How did you become so successful? 你把石头咬碎就是取得成功了。

给大家示范了10个句子的记忆方法，我们在日常教学中发现有很多学生，特别是英语基础比较弱的小学生反映说故事很容易记住，英语句子的中文意思也很容易记住，但英语句子本身那句话很难读得顺口并记住。那么应该怎么办呢？方法有好几种，第一是机械地重复，反反复复地去朗读句子，第二种是可以通过理解和拆分句子的方法来熟悉句子。

句子拓展对话

记住一句话之后，还可以通过对话的形式，把一句话拓展成为一个小的对话，那样又可以成倍地增加自己的句子量，大家可以去挑战一下。

No. 1

A: How are you feeling today?（今天你觉得怎么样？）

B: I feel a lot better， thanks for asking.（我感觉好多了。谢谢你的关心。）

No. 2

A: Mr.Lan is a handsome man.（蓝先生是个帅哥。）

B: I completely agree with you.（我完全同意。）

No. 3

A: She gives me a big headache.（她让我头痛。）

B: I know. It's really annoying.（我知道，真的很烦人。）

No. 4

A: What's wrong with you?（你怎么啦？）

B: I feel a little sick today.（今天感觉有点不舒服。）

No. 5

A: Everything is so expensive in Beijing.（在北京什么东西都那么昂贵。）

B: I can't even afford to go there for a week.（我甚至无法负担去那里一星期的费用。）

No.6

A: Who is that girl with you last night.（昨晚和你在一起的女孩是谁？）

B: She is my best friend.（她是我最好的朋友。）

No.7

A: I have a very happy family.（我有一个很幸福的家庭。）

B: You are lucky man.（你是个幸运儿。）

No.8

A: I lost my job yesterday.（我昨天丢了我的工作。）

B: that's too bad.（太糟糕了。）

No. 9

A: I love money.（我喜欢钱。）

B: Everyone loves money.（大家都喜欢钱。）

No. 10

A: How did you become so successful?（你是如何取得如此大的成功的？）

B: I'm just lucky.（我只是运气好。）

第六节　短文背诵

英语短文有着非常高的价值，特别是英语课文的背诵。英语课文包含了每一课最重要的知识点，包括单词、短语和语法等，所以背诵英语课文含金量非常高。

下面这一篇英语短文是我在高中时背诵的第一篇英语短文，内容非常简单，用故事法就可以轻松背下来。但是对于英语基础不是很好的同学来说，我们建议使用数字定位法，毕竟英语短文的记忆方法和英语的句子记忆差不多，一样可以采取数字定位法或记忆宫殿，大家可以按照我们分析的方法来尝试挑战它。

A private conversation私人谈话（来自《新概念英语》第2册课文）

Last week,I went to the theatre. I had a very good seat. The play was very interesting. I did not enjoy it. A young man and a young woman were sitting behind me. They were talking loudly. I got very angry. I could not hear the actors. I turned round. I looked at the man and the woman angrily. They did not pay any attention. In the end,I could not bear it. I turned round again. "I can't hear a word!"I said angrily."It's none of your business，"the young man said rudely."This is a private conversation!"

上星期我去剧院看戏。我有一个好座位。表演是很有趣的。但我没能享受它。一青年男子与一年轻女子坐在我的身后。他们在大声地说话。我很生气。我听不见演员说的话。我转过身。我很生气地看着那个男人和女人。他们竟然没有注意。最后，我忍不住了。我又一次转过身去。“我一个字都听不到了！”我愤怒地说。“这不关你的事，”那男的粗鲁地说。“这是私人间的谈话！”

实战分析： 短文背诵要拆分成每一句话来背诵，特别是英语基础不太好的同学，短文背诵就相当于背多个句子一样。现在给大家示范一下。

1.Last week，I went to the theatre.（上星期我去剧院看戏。）

01铅笔：想象上周我拿着铅笔去看戏。

2.I had a very good seat.（我有一个好座位。）

02鸭子：想象鸭子坐在好座位那里。

3.The play was very interesting.（表演很有趣。）

03耳朵：想象演员用耳朵表演很有趣。

4.I did not enjoy it.（我享受不到它。）

04红旗：因为要拿着红旗，我享受不到看戏的乐趣。

5.A young man and a young woman were sitting behind me.（男女）

05吊钩：想象后面坐着的青年男子和年轻女子被吊钩吊起来。

6.They were talking loudly.（说话）

06手枪：他们大声地说话被我拿手枪指着。

7.I got very angry.（我很生气。）

07拐杖：我敲着拐杖很生气。

8.I could not hear the actors.（我听不到演员说话。）

08葫芦：葫芦娃听不到演员说什么。

9.I turned round.（我转过身。）

09猫：猫转身过来。

10.I looked at the man and the woman angrily.（我生气地瞪着那对男女。）

10石头：我瞪着那对男女，并拿石头砸他们。

11.They did not pay any attention.（他们没有注意到。）

11筷子：用筷子夹他们的头，他们也没有注意到。

12.In the end， I could not bear it.（忍受）

12婴儿：婴儿说我受不了了。

13.I turned round again.（我再次转身。）

13医生：医生再次转过身。

14."I can't hear a word!"I said angrily.（生气地说）

14钥匙：我拿钥匙砸人并说我一个字都听不到。

15. "It's none of your business, " the young man said rudely.（粗鲁）

15鹦鹉：鹦鹉学人说话被人家说关你屁事。

16."This is a private conversation!"（私人）

16石榴：在进行私人谈话的时候吃石榴。

背诵建议：以5句话为一小组来背诵，那样记忆压力比较小；另外也需要读很多遍每个句子，那样也可以减轻记忆压力和增强背诵的顺畅度。

第九章 文理学科知识

记忆法在文科速记方面有着得天独厚的优势，如果记忆方法掌握得特别好或者有个专业记忆法老师指导，那么短时间内就可以记住一个学期的核心内容，并且直接参加期末考试也可以取得一个还不错的成绩，这是我们长期研究试验出来的结果。

第一节　历史知识

历史方面的记忆是比较好办的，只要简单的方法加上兴趣。记忆法在历史学习中效果非常好，同样可采取万能记忆的四步骤和其他记忆方法结合，记住一定要做到熟悉。

学习任何内容我们都会发现，如果你对整体有一个比较全面的线索，那么你就能够学得更有方向感，也更加轻松。在我们研究发现，学习历史最基本也最重要的线索就是整个历史发展过程的朝代更换，我们先记住了每个朝代的顺序，知道我国历史的每个朝代，那样再学习起来就不会有强烈的陌生感，所以我们拿历史朝代的顺序和各自成立的时间等内容进行记忆示范。

历史朝代记忆

原始社会三皇五帝，奴隶社会夏商周春秋战国，封建社会秦西汉东汉三国西晋东晋南北朝，隋唐五代北宋南宋元明清。

背诵建议：这段内容建议熟悉多读，读多几遍基本就能记住，难点和关键点在于理解社会的进步是从原始社会到奴隶社会，奴隶社会到封建社会。

实战分析

1.转换：西晋——西进，东晋——东进，隋唐五代——碎唐五袋，北宋——北送，南宋——南送。

2.故事：开始想象原始社会没有衣服穿只穿芭蕉叶的是三皇五帝，后面有个奴隶叫夏商周的在春秋时候来到战国打仗，打仗后进入封建社会，在封建社会他发现在秦、西汉、东汉这三国可以西进或东进到达南北朝的地方，在南北朝看到身上背着碎唐五袋的人北送又南送给元明清的人。

历史朝代顺序知识扩充

1.三皇：燧suì人、伏羲xī、神农

小故事：燧人呼吸（伏羲）神农。

2.五帝：黄帝、颛zhuān顼xū、帝喾kù、唐尧yáo、虞yú

小故事：皇帝拿个砖头刮胡须（颛顼），然后拿着底裤（帝喾）在池塘摇（唐尧）摆吸引鱼（虞）。

3.夏朝：公元前2070年 禹建立夏朝

分析：2070（爱你吃你）禹（雨）夏（下）——爱你吃你的时候雨就下了。

4.商朝：公元前1600年 商汤灭夏，商朝建立

分析：1600（一路铃铃）商汤（上汤）——路铃铃地响，原来上汤了。

5.西周：公元前1046年 周武王灭商，西周开始

分析：1046（衣领饲料）西周（西瓜粥）——周武王吃西瓜粥的时候衣领上有饲料。

6.东周：公元前770年 周平王迁都洛邑，东周开始

分析：770（吃麒麟）——周平王凭什么吃麒麟呢?

7.春秋五霸：齐桓公、宋襄公、晋文公、秦穆公和楚庄王。

小故事：奇幻（齐桓公）松香（宋襄公）有金文（晋文公），写着青木公（秦穆公）是楚楚山庄的大王（楚庄王）。

字头：齐宋晋秦楚——齐宋最清楚。

8.战国七雄：秦、燕、韩、赵、魏、楚、齐

字头：秦燕喊赵薇出去。

以下内容大家可以使用数字和中文内容信息处理的方法进行记忆，当然大家如果对内容、对数字转码比较熟悉，你们就会发现记得很简单，但如果方法不熟悉，使用起来则很辛苦。

练习挑战：

1.秦朝：公元前221年　秦统一六国，秦始皇确立郡县制，统一货币、度量衡和文字

2.西汉：公元前202年 西汉建立

3.东汉：公元25年 东汉建立

4.三国：220年 魏国建立，221年 蜀国建立，222年 吴国建立

5.西晋：265年 西晋建立，魏亡

6.东晋：317年 东晋建立

7.南北朝：分为南朝和北朝

8.隋朝：581年 隋朝建立

9.唐朝：618年 唐朝建立

10.五代：907年 后梁建立，唐亡，五代开始

11.北宋：960年 北宋建立

12.南宋：1127年 金灭北宋，南宋开始

13.元朝：1271年 忽必烈定国号元

14.明朝：1368年 明朝建立，元朝结束

15.清朝：1636年 后金改国号为清

第二节　地理知识

地理知识的记忆和历史方面的知识记忆是相似的，同样在应用中可以采取万能记忆四步法或与其他记忆方法的结合，我们举个例子来示范一下地理内容的记忆。这里所举的例子都是常识类，但又很难长久记忆的。

八大行星

水星、金星、地球、火星、木星、土星、天王星、海王星。

字头：水金地火木土天海。

解释：水金很多的地，用火木涂天海。

七大洲

亚洲、欧洲、非洲、北美洲、南美洲、南极洲、大洋洲。

字头：亚欧非北美南美南极大洋。

谐音：哑鸥飞北美南美南极大洋。

解释：哑巴海鸥飞到北美南美遇到了南极大洋。

四大洋

印度洋、北冰洋、太平洋、大西洋。

字头：印度北冰太大。

解释：印度北边（谐音）太大。

中国34个省市地区

1.北京市、天津市、河北省、山西省、内蒙古

转换：北京市——北京烤鸭，天津市——天上，河北省——喝杯。

连接：北京烤鸭飞到天上喝杯（河北）山西的内蒙古牛奶。

2.辽宁省、吉林省、黑龙江省、上海市、江苏省、浙江省

转换：吉林省——吉祥的树林，黑龙江省——黑龙，江苏省——江里的苏打饼，浙江省——这条江。

连接：辽宁吉祥的树林里有条黑龙飞到上海，吃江里的苏打饼，并记住这条江。

3.安徽省、福建省、江西省、山东省、河南省

转换：福建省——幸福的剑，江西省——僵尸，山东省——山的东边，河南省——河里男人。

连接：安徽人拿着幸福的剑杀僵尸，然后到山的东边找河里的男人。

4.湖北省、湖南省、广东省、广西、海南省、重庆市、四川省

转换：广东省——逛东， 广西——逛西， 海南省——海的南边， 重庆市——重新庆祝 。

连接：湖北湖南的人逛东逛西到了海的南边重新庆祝生日，吃四川麻辣。

5.贵州省、云南省、西藏、陕西省、甘肃省

转换：贵州省——很贵的粥， 云南省——云的南边， 西藏——西瓜宝藏，陕西省——闪闪发亮的西瓜， 甘肃省——甘蔗。

连接：喝了碗很贵的粥就飘到云的南边，看见西瓜宝藏，闪闪发亮的西瓜和甘蔗。

6.青海省、宁夏、新疆、台湾、香港、澳门

转换：青海省——青绿色的海， 宁夏——宁静的夏天， 新疆——新姜，台湾——台，香港——港， 澳门——澳。

连接：青绿色的海有宁静的夏天，新的姜可以运到台港澳出售。

亚洲 48 个国家

东亚五国：中国、蒙古、朝鲜、韩国、日本

口诀：中蒙朝韩日。

南亚七国：印度、巴基斯坦、马尔代夫、不丹、尼泊尔、孟加拉国、斯里兰卡

口诀：印巴马不尼孟斯。

解释：印巴马不理孟斯。

东南亚十一国：马来西亚、新加坡、越南、印度尼西亚、泰国、缅甸、菲律宾、柬埔寨、老挝、东帝汶、文莱

口诀：马新越印泰缅菲柬老东文。

解释：马新越是个人，他把硬（印）的泰面当飞箭（菲柬）箭老东文。

中亚五国：哈萨克斯坦、乌兹别克斯坦、土库曼斯坦、吉尔吉斯斯坦、塔吉克斯坦

口诀：哈乌土吉塔。

解释：哈乌吐出一把吉他。

西亚二十国：阿富汗、伊拉克、伊朗、科威特、叙利亚、巴勒斯坦、以色列、黎巴嫩、土耳其、约旦、阿曼、阿拉伯联合酋长国（阿联酋）、沙特阿拉伯、卡塔尔、巴林、阿塞拜疆、塞浦路斯、也门、亚美尼亚、格鲁吉亚

口诀：阿伊伊科叙，巴以嫩土旦；阿阿沙卡巴，阿塞也亚格。

解释：阿伊伊可惜巴以的嫩土蛋阿阿被沙卡嘴巴，啊，塞了野鸭和鸽子。

小结：地理的记忆和历史是类似的，其他没有在这里示范记忆方法的内容，大家可以根据本书前面的方法进行加工记忆。只要你能活学活用记忆法，地理的学习一定会轻松高效得多。到此我们文科速记的方法分享就讲完了，接下来的内容是理科方面的速记。

第三节　物理知识

理科方面需要记忆吗或者记忆对理科方面有帮助吗？答案是肯定的！事实上我们一般采取思维导图的方法来归纳总结，然后再进行记忆。理科的内容记忆重在理解，理解之后再记忆才能高效记忆。

初中物理

物理初中物理五大板块分别是力、热、声、光、电等，下面给大家分享一下初中物理概念知识结构图，并结合知识结构图来进行记忆分解。

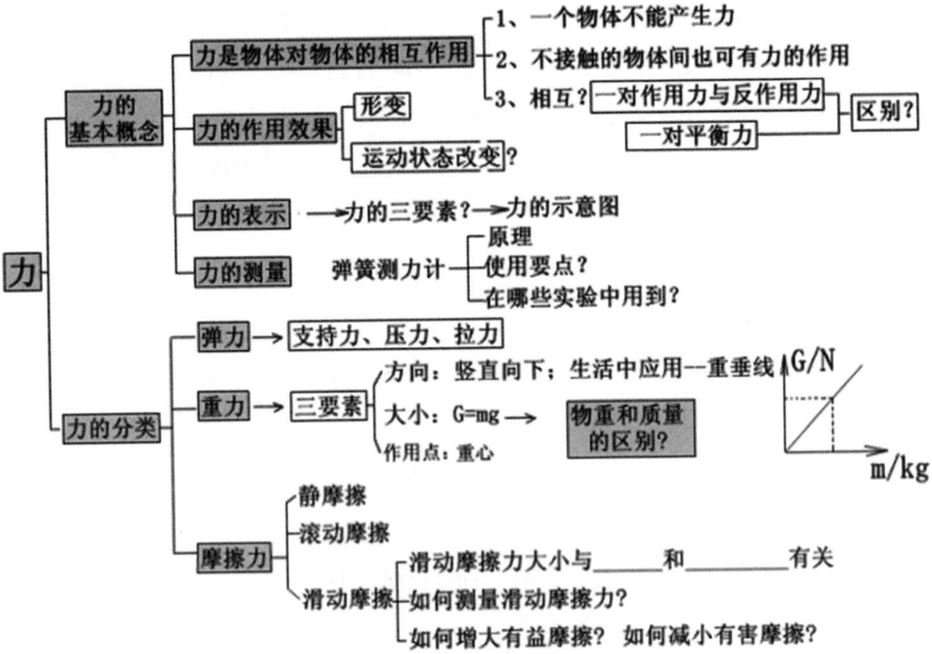

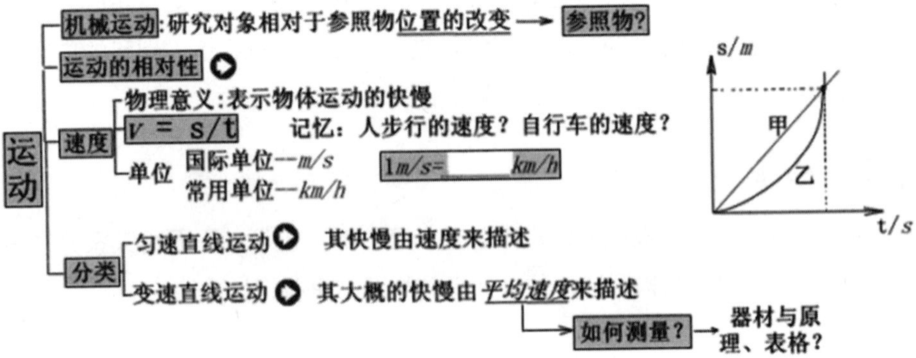

从上面这张图可以看到，力的种类主要有3种，分别是弹力、重力和摩擦力。如何看一遍记住这3种力呢？可以连个小故事“子弹很重，还摩擦到了我们的手”。摩擦力有3种，分别是静摩擦、滚动摩擦和滑动摩擦，也一样编个小故事“我在静悄悄地滚动，却不小心滑动摔跤了”来记住。力的3个要素分别是方向、大小和作用点，小故事是“天上掉下了10斤重的东西砸到我脚”，天上代表方向，10斤重代表大小，脚代表作用点。这样，这些小知识就可以一次记住了。当然，作为理科的概念和内容，记住了还远远不够，一定要理解透彻它们的意思。

高中物理

下面我们以牛顿三大运动定律的知识框架来给大家讲解一下物理记忆的一两个技巧。

- 牛顿运动定律
  - 牛顿第一定律
    - 内容：一切物体总保持匀速直线运动状态或静止状态，直到有外力迫使它改变这种状态为止
    - 惯性、惯性参考系
    - 质量是物体惯性大小的唯一量度
  - 牛顿第二定律
    - 基本公式：$a=\frac{\sum F}{m}$　$\sum F=ma$
    - 特点：矢量性：a的方向与$\sum F$的方向时刻相同
      - 瞬时性：a与$\sum F$同时产生、同时消失、同时变化
      - 独立性：作用在物体上的各个力各自产生一个加速度，物体的加速度是这些分加速度的矢量和
    - 应用：①两类常见的动力学题目
      - a：已知受力情况，确定运动情况
      - b：已知运动情况，确定受力情况（牛顿运动定律是联结力和运动的桥梁）
      - ②超重、失重问题
      - a：物体在竖直方向有向上的加速度，处于超重状态；物体在竖直方向有向下的加速度，处于失重状态
      - b：物体处于超重、失重状态时，对支持物的压力或对悬绳的拉力大于重力或小于重力，但物体的重力大小没有变化
  - 牛顿第三定律
    - 内容：$F=-F'$
    - 特点：F与F′大小相等方向相反、同性质、作用时间相同
    - 关键：作用力、反作用力与一对平衡力的区别
  - 适用范围：宏观、低速、惯性参考系

这三大定律在学习的时候虽然是蛮简单的，但过了一段时间后才发现这3个定律经常搞混，不知道哪个是第一定律，哪个又是第二定律。我们现在就用想象来区分和记忆一下这三大定律。

第一定律说的是一切物体总保持匀速直线运动状态或静止状态，直到有外力迫使它改变这种状态为止。我们可以通过想象“考试得第一名的同学听到自

己考试得第一的时候就一直在匀速直线运动，怎么也静止不下来”。

第二定律说的是物体加速度的大小跟作用力成正比，跟物体的质量成反比。我们可以通过想象“肚子饿（二）了想加速度都加不上来”。

第三定律说的是相互作用的两个物体之间的作用力和反作用力总是大小相等，方向相反，作用在同一条直线上。可以通过想象“三个人打架，他们之间的作用力和反作用力总是大小相等，谁都打不过谁”。

另外，牛顿第二运动定律有5个特点：瞬时性、矢量性、独立性、因果性和等值不等质性。因此，我们可以摘取每个特点的首字“瞬矢独因等”，转换为“顺势读音等”。

第四节　化学知识

化学元素周期表在化学中的地位毋庸置疑，很多化学名师都建议学生把化学元素周期表背下来，可以毫不夸张地说化学元素周期表包含的化学知识占了化学知识的半壁江山。背熟化学元素周期表并且理解里面包含的知识，在化学的学习和考试上将会省下不少时间和精力，因此作为未来学霸或现在学霸的你是值得花些时间来背诵它的。下面是我们给大家分享的一些背诵攻略，希望大家能够好好掌握。

元素周期表背诵攻略

（一）按周期顺序记忆

第一周期：

氢、氦——**侵害**

第二周期：

锂、铍、硼、碳、氮、氧、氟、氖——**李皮朋炭蛋养福奶**

解释：李皮朋用火炭一样的蛋养幸福的奶奶。

第三周期：

钠、镁、铝、硅、磷、硫、氯、氩——**那美女归林留卤鸭**

解释：那个美女回归树林，还留了只卤鸭给自己吃。

第四周期：

钾、钙、钪、钛、钒、铬、锰——**假该看，太烦哥们**

解释：假如该看看，就太劳烦哥们了。

铁、钴、镍、铜、锌、镓、锗——**铁姑捏痛新嫁者**

解释：铁姑姑捏痛新嫁入家里的记者。

砷、硒、溴、氪——**深吸锈客**

解释：深深地吸引生锈的客人。

第五周期：

铷、锶、钇、锆、铌、钼、锝——**如丝已告你木得**

解释：如丝这个人已经告诉你木头得到了。

钌、铑、钯、银、镉、铟、锡——**聊佬把银隔烟吸**

解释：聊天的大佬把银隔着烟吸起来。

锑、碲、碘、氙——**梯地点仙**

解释：你在楼梯一样的地上点击神仙。

第六周期：

铯、钡、镧（lán）、铈、镨（pǔ）、钕——**色被蓝市仆女**

解释：颜色被蓝市的仆女抢了。

钷（pǒ）、钐（shān）、铕、钆（gá）——**破衫有个**

解释：破衫有个洞。

铽（tè）、镝（dī）、钬、铒、铥、镱、镥——**特低火儿丢一卤**

解释：特低的火儿，丢一卤肉下去煮。

铪（hā）、钽（tǎn）、钨、铼、锇（é）、铱、铂（bó）、金——**哈坦屋来鹅一铂金**

解释：哈坦这个屋子来了只鹅，值一铂金。

汞（gǒng）、铊、铅、铋、钋（pō）、砹（ài）、氡（dōng）——**供他钱逼迫艾冬**

解释：供应给他钱，还逼迫艾冬。

第七周期：

钫（fāng）、镭、锕、钍、镤（pú）、铀（yóu）——**防雷阿土扑油**

解释：防雷的阿土扑在油上。

镎（ná）、钚（bù）、镅（méi）、锔（jú）、锫（péi）——**那部没菊陪**

解释：那部车没菊花陪在旁边。

锎（kāi）、锿、镄、钔、锘（nuò）、铹（láo）——**开爱费门糯老**

解释：打开爱妃的门，拿糯米给老人。

𬬻（lú）、𬭊（dù）、𬭳（xǐ）、𬭛（bō）、𬭶（hēi）、鿏（mài）、𫟼（dá）、𬬭（lún）——**卢杜喜播黑麦大论。**

解释：卢杜这人喜欢播种黑麦，大论。

（二）按族的顺序记忆

氢锂钠钾铷铯钫——请李娜加入私访。

铍镁钙锶钡镭 ——媲美盖茨被雷。

硼铝镓铟铊 ——碰女嫁音他。

碳硅锗锡铅 ——探归者西迁。

氮磷砷锑铋 ——蛋临身体闭。

氧硫硒碲钋 ——养牛西蹄扑。

氟氯溴碘砹 ——父女绣点爱。

氦氖氩氪氙氡 ——害耐亚克先动

记化学金属活动性顺序表

钾，钙，钠，镁，铝；锌，铁，锡，铅，氢；铜，汞，银，铂，金。

谐音口诀：嫁给那美女；身体细纤轻；统共一百斤。

记忆化合价的口诀

正一铜氢钾钠银，正二铜镁钙钡锌。三铝四硅四六硫，二四五氮三五磷。一五七氯二三铁，二四六七锰为正。碳有正四与正二，再把负价牢记心。负一溴碘与氟氯，负二氧硫三氮磷。

初中常见原子团化合价口决

负一硝酸氢氧根，负二硫酸碳酸根，还有负三磷酸根，只有铵根是正一。

第五节　生物知识

选择题的记忆

选择题考核的往往是单一的知识点，所以我们平时要多记忆和积累，在考试中经常出现的知识也要进行记忆，那样在下次考试的时候就不会再出错。单一知识点的记忆我们采取的方法首先是理解，我们希望大家拥有一种科学精神，毕竟是理科的内容；理解还不能记住对应的知识点，那么我们就采取想象的方法，或者说编故事，特别是学科基础不是很好的同学使用想象记忆的方法可以起到快速提高自信的效果。下面我们来看一些例子。

1.在非洲的狮群中，“首领”会发出一种特殊气味，其他成员都顺从它，这种现象属于（B）

A. 繁殖行为　B. 社会行为　C. 防御行为　D. 攻击行为

记忆：想象“首领”发出气味带着大家进入社会。

2.下列生物不能产生孢子的是（ C ）

A. 青霉　B. 灵芝　C. 乳酸菌　D. 蘑菇

记忆：想象吃着包子就不能再和富含乳酸菌的酸奶。（只是想象啊，生活中是可以吃着包子，喝着酸奶的）

3.下列同学对我国生物多样性发表了各自的看法，其中正确的是（D ）

A. 甲说：我国地大物博，生物资源取之不尽，用之不竭，用不着保护生物多样性

B. 乙说：俗话说“靠山吃山，靠水吃水”，我们可以尽量利用周围的自然资源

C. 丙说：要保护生物多样性，必须禁止对生物资源的开发和利用

D. 丁说：金丝猴是我国特有的珍稀动物，我们可以采取就地保护的方法进行保护

记忆：金丝猴要保护。

4.许多动物都有学习的能力，下列动物中学习能力最强的（B）

A. 昆虫　　B. 狗　　C. 蜥蜴　　D. 鸟

记忆：有人说狗是人类最好的朋友是有道理的。

5.杂交水稻之父——袁隆平在育种中实质上利用了（ D ）

A. 基因的多样性　　B. 生态系统的多样性

C. 农作物的多样性　　D. 物种的多样性

记忆：杂交和物种，简称杂种，所以答案是物种的多样性。

6.在观察活体鲫鱼时，应按照下列哪种顺序逐项进行观察（ A ）

A. 鱼鳞→鱼鳃→体形→鱼鳍

B. 鱼鳃→鱼鳞→体形→鱼鳍

C. 体形→鱼鳍→鱼鳞→鱼鳃

D. 鱼鳍→体形→鱼鳃→鱼鳞

记忆：想象你按鱼鳞→鱼鳃→体形→鱼鳍的顺序去摸一下鲫鱼，你就可以轻松记住了。

7.下列食品中，不属于发酵产品的是（ B ）

A. 葡萄酒　　B. 米饭　　C. 面包　　D. 腐乳

记忆：米饭是蒸煮出来的，不用发酵。

8.在生物的分类等级中，哪一个等级生物的种类最少、共同特征最多（C）

A. 属　　B. 科　　C. 种　　D. 目

记忆：种类最多。

9.食品放在冰箱中能保持一段时间不腐败，主要是因为在冰箱这个环境中（B）

A. 细菌被杀灭　　B. 细菌生长繁殖受到抑制

C. 细菌不产生芽孢　　D. 没有细菌

记忆：冷的时候手脚都缩回去了，所以都不怎么想繁殖。

10.俗话说“人有人言，兽有兽语”，蚂蚁通常用哪种“语言”进行交流？（ C ）

A. 表情　　B. 声音　　C. 气味　　D. 舞蹈

记忆：蚂蚁放臭屁。

简单题的记忆

生物多样性面临威胁的原因：

第一，生态环境改变和破坏；

第二，掠夺式开发利用；

第三，环境污染；

第四，外来物种入侵。（如来自国外的水葫芦。）

方法：用万能记忆来进行记忆。

1.熟悉：熟悉内容并理解和选择关键词。

关键词：生态、掠夺、污染、外来物种

2.转换：把关键词转换为影像的内容。

生态环境——周围环境

掠夺——抢劫的人

污染——污染物

外来物种——外星人

3.连接：把关键词转换的影像连接起来。

周围有个抢劫的人，他污染了外星人。

4.复习：复习连接的故事，按故事尝试回忆记忆内容。

由周围想到周围环境，周围环境想到“生态环境改变和破坏”；

由抢劫的人想到掠夺，掠夺想到“掠夺式开发利用”；

由污染物想到污染，污染想到“环境污染”；

由外星人想到外来物种，外来物种想到“外来物种入侵”。

全脑口诀第十八招——兴趣特长

虽然学生以学习为主，而且是以学科学习为核心，但兴趣爱好也是必不可少的。说到兴趣爱好或者说特长，这是我最喜欢的部分，我的兴趣爱好超级广泛，特长也不少。唱歌跳舞主持演讲自然要来一下，琴棋书画略懂一二，文韬武略略有研究……说到这里肯定有人在想，兴趣特长和记忆法有关吗？这是一本以记忆术为核心的书，讲的是如何记忆和思考，怎么会和兴趣特长挂上钩呢？师者所以传道授业解惑也，有疑问自然要解答或引导。记忆法结合到兴趣爱好里面，说不定爱好就能变成特长，究竟如何结合且听我细细道来。

第一节　唱歌

我是很喜欢唱歌的，但每次我唱歌，我的同学都会吐槽我，你唱歌能先唱完一首再唱下一首吗，每首都只唱高潮听的人太受折磨了。的确，唱歌唱“半首”真是吊人胃口，我早先确实觉得那些歌曲的歌词永远都是记不熟的样子，很难完整记下来。进行专业记忆法训练后，我发现歌词原来也是可以速记的，而且比背诵课文简单得多。以前熟悉的中文歌曲，不用什么特殊准备，我听两三次就可以完整记下来了，记忆法的实战功力可是杠杠的。那我是如何记忆歌词的呢？

一首歌的记忆至少包括两方面，一是歌的曲调，二是歌词。曲调的记忆可以采取多听，我目前也没有深入研究曲调的记忆方法，毕竟听多几遍大家基本都能记住。关于歌词的记忆也不难，方法和短文记忆方法差不多，我主要采取记忆宫殿的方式来记忆，当然也可以采取故事画面法。下面给大家举例子来分享一下我是如何记歌词。

1.《青藏高原》　填词：张千一 谱曲：张千一

是谁带来远古的呼唤

是谁留下千年的祈盼

难道说还有无言的歌
还是那久久不能忘怀的眷恋
哦我看见一座座山一座座山川
一座座山川相连
呀啦索
那可是青藏高原
是谁日夜遥望着蓝天
是谁渴望永久的梦幻
难道说还有赞美的歌
还是那仿佛不能改变的庄严
哦我看见一座座山一座座山川
一座座山川相连
呀啦索，那就是青藏高原；呀啦索，那就是青藏高原

因为歌词有15行，所以需要至少15个定位点，我们可以选择18个定位点，就用杂物柜那一组地点来记忆，把地点和歌词的关键词进行连接。大家如果对这组地点不熟，可以翻本书记忆宫殿那一板块内容熟悉一下，最好看着图片来定位。

（1）杂物柜：是谁带来远古的呼唤——在杂物柜上面呼唤。

（2）床单：是谁留下千年的祈盼——好床单是每个人的祈盼。

（3）枕头：难道说还有无言的歌——靠着枕头很无言。

（4）靠背：还是那久久不能忘怀的眷恋——靠背舒服，还是那久久不能忘怀的眷恋。

（5）墙壁：哦我看见一座座山一座座山川——在墙壁上“哦我看见一座座山一座座山川”。

（6）台灯：一座座山川相连——几台台灯像“一座座山川相连”。

（7）衣柜：呀啦索——在衣柜里面大喊“呀啦索”。

（8）桌子：那可是青藏高原——桌子很高，感觉“那可是青藏高原”。

（9）电视机：是谁日夜遥望着蓝天——电视机在天上，喜欢看电视剧的人就知道“是谁日夜遥望着蓝天”。

（10）地毯：是谁渴望永久的梦幻——躺在地毯上有点梦幻的感觉，谁躺知道“是谁渴望永久的梦幻”。

（11）椅子：难道说还有赞美的歌——椅子坐得舒服很赞，还唱歌，即“难道说还有赞美的歌”。

（12）窗户：还是那仿佛不能改变的庄严——靠着窗户表情很严肃，有点像“还是那仿佛不能改变的庄严”。

（13）黄花：哦我看见一座座山一座座山川——黄花长在山川，看见黄花就是“哦我看见一座座山一座座山川”。

（14）红花：一座座山川相连——一簇簇红花像“一座座山川相连”。

（15）白花丛：呀啦索，那就是青藏高原；呀啦索，那就是青藏高原——好不容易从百花丛爬出来，所以大喊“呀啦索，那就是青藏高原”两次。

《青藏高原》歌词稍微多一些，而且有几句歌词容易混淆，所以我看了两次才一字不漏地记熟，大家多看几回，注意容易混淆的歌词。

2.《爱你一万年》 作词：刘德华 谱曲：Giorgio Moroder、刘德华、陈德建 编曲：孔祥东

①地球自转一次是一天

②那是代表多想你一天

③真善美的爱恋

④没有极限 也没有缺陷

⑤地球公转一次是一年

⑥那是代表多爱你一年

⑦恒久的地平线

⑧和我的心 永不改变

⑨爱你一万年

⑩爱你经得起考验

⑪飞越了时间的局限

⑫拉近地域的平面

⑬紧紧地相连

⑭地球公转一次是一年

⑮那是代表多爱你一年

⑯恒久的地平线

⑰和我的心 永不改变

⑱爱你一万年

⑲爱你经得起考验

⑳飞越了时间的局限

㉑拉近地域的平面

㉒紧紧地相连

㉓有了你的出现

㉔占据了一切 我的视线

㉕爱你一万年

㉖爱你经得起考验

㉗飞越了时间的局限

㉘拉近地域的平面

㉙紧紧地相连

㉚爱你一万年

㉛爱你经得起考验

㉜飞越了时间的局限

㉝拉近地域的平面

㉞紧紧地相连

㉟我爱你 一万年

这首歌的歌词因为重复的地方不少，所以我们先进行简单分析，从歌词可以看出，第⑤~⑬和第⑭到第㉒内容一样；第㉕~㉙与第㉚~㉞内容和第⑨~⑬一样。定位方法参考如下：

01铅笔：地球自转一次是一天——铅笔和"地球自转一次是一天"。

02鸭子：那是代表多想你一天——我觉得鸭肉好吃，"那是代表多想你一天"。

03耳朵：真善美的爱恋——耳朵是真的，又善有没，值得爱恋。

04红旗：没有极限 也没有缺陷——红旗飞得很高，"没有极限，也没有缺陷”。

05吊钩：地球公转一次是一年——吊钩吊着地球公公转一次是一年。

06手枪：那是代表多爱你一年——给你手枪让你安全，“那是代表多爱你一年”。

07拐杖：恒久的地平线——扶着拐杖，在“恒久的地平线”上走啊走。

08葫芦：和我的心 永不改变——葫芦娃说葫芦“和我的心，永不改变”

09猫：爱你一万年——猫可爱，“爱你一万年”。

10石头：爱你经得起考验——像石头一样“爱你经得起考验”，随便捶打。

11筷子：飞越了时间的局限——筷子会飞，“飞越了时间的局限”。

12婴儿：拉近地域的平面——婴儿力气很大，“拉近地域的平面”。

13医生：紧紧地相连——医生们害怕医闹，所以“紧紧地相连”。

重复05到13

地球公转一次是一年

那是代表多爱你一年

恒久的地平线

和我的心 永不改变

爱你一万年

爱你经得起考验

飞越了时间的局限

拉近地域的平面

紧紧地相连

14钥匙：有了你的出现——钥匙开门后，马上就“有了你的出现”。

15鹦鹉：占据了一切 我的视线——在我眼前的鹦鹉好肥，“占据了一切，我的视线”

重复9到13两次

爱你一万年

爱你经得起考验

飞越了时间的局限

拉近地域的平面

紧紧地相连
爱你一万年
爱你经得起考验
飞越了时间的局限
拉近地域的平面
紧紧地相连

16石榴：我爱你 一万年——石榴太好吃，“我爱你 一万年”。

这首歌我是看一遍记住的，记住之后开始尝试唱，唱两三遍歌词更熟之后直接能够完整地唱下来，当然每个人的熟悉程度不一样，唱十遍八遍才熟也是正常的。

第二节　武术

受电视剧的影响，我想好多男生都有一个武侠梦。小时候我总是幻想自己能够学会九阳神功和降龙十八掌等盖世武功，不过学了很多武术之后发现这世上并没有什么绝世功夫，但尽管如此，传统的武术还是有得练的。在小学四年级的时候我想加入村里的武术队，不过我父亲认为练武术会影响学习就没有允许。庆幸的是，武术队在我们家门口的广场教学，我写完作业就在旁边看他们练习，他们练习的时候都会喊练功口诀，我回家后就把那些口诀写下来，然后不断回想每个口诀对应的动作。

过了段时间武术队教完第一套拳，要进行表演，武术教练问武术队有没有队员可以把整套拳法打一遍，结果二三十个队员的武术队只有两三个人可以做到。我对自己的“自学”成果很有信心，于是向教练请缨要试一下，结果全场震惊，因为我用比较标准的动作打完了整套拳。教练大为赞赏，说服了我父亲允许我练武术。进入武术队后我也没有让老爸和教练失望，每次练完一套拳我都可以当晚打出来。

对武术的练习后来还是因为功课放下了，直到大学我才重新练武。这个时候练武的范围就扩大不少，包括跆拳道、散打、双节棍和泰拳等。练武有什么好处呢？首先练武强身健体，练武之人身手矫捷，抗击打能力很强，也不容易生病；其次练武可以提升毅力，练武毕竟是非常耗体力的，需要吃苦耐劳，这也造就了我创业后遇到很多挫折也依然斗志昂扬；最后练武可以提升整个人的气质，包括自信。

那记忆法和练武怎么结合起来呢？答案在前面其实已经提到，那就是把武术招式对应的口诀背熟，然后通过口诀去记忆和练习对应的招式动作。因为我练的是传统武术，那些口诀都是用客家话来讲的，拿出来在这里作为例子恐怕大家不理解，所以这里我拿降龙十八掌的招式来示范如何记忆武术口诀。当然我不是教大家绝世功夫，这里只是举例示范怎么记忆武术口诀。

降龙十八掌

1）亢龙有悔　2）飞龙在天　3）见龙在田

4）鸿渐于陆　5）潜龙勿用　6）利涉大川

7）突如其来　8）震惊百里　9）或跃在渊

10）双龙取水　11）鱼跃于渊　12）时乘六龙

13）密云不雨　14）损则有孚　15）龙战于野

16）履霜冰至　17）羝羊触蕃　18）神龙摆尾

记忆参考：

01铅笔：亢龙有悔——铅笔抵抗龙有后悔。

02鸭子：飞龙在天——鸭子飞起来跟飞龙在天。

03耳朵：见龙在田——耳朵听到龙的声音，低头一看，原来见龙在田。

04红旗：鸿渐于陆——红旗像红箭鱼，放在陆地上。（“鸿渐于”听起来像红箭鱼。）

05吊钩：潜龙勿用——吊钩吊起一条潜龙，但不敢用。

06手枪：利涉大川——拿着手枪去跋涉大川。

07拐杖：突如其来——拐杖突如其来敲打到我脚。

08葫芦：震惊百里——葫芦娃武功盖世，震惊百里。

09猫：或跃在渊——猫跳跃到深渊。

10石头：双龙取水——拿石头丢到水里就看到双龙取水。

11筷子：鱼跃于渊——筷子把跳跃起来的鱼夹住。

12婴儿：时乘六龙——婴儿乘着六条龙。

13医生：密云不雨——医生说密密麻麻的云多半不下雨。

14钥匙：损则有孚——钥匙损失了。

15鹦鹉：龙战于野——鹦鹉和龙战斗，在野外。

16石榴：履霜冰至——石榴像霜和冰一样冷。

17仪器：羝羊触藩——仪器把羝羊弄翻。

18腰包：神龙摆尾——腰包里面跑出一条龙，它在那神龙摆尾。

第三节　万年历

我曾经在好几个场合看别人表演过这么一个绝活：随便你说一个日期，表演者马上可以说出是星期几，而且说的速度很快，感觉不是算出来的，而是记住的。我当时特别好奇，研究后发现了这其中的秘密：要想做到随便算出任何一个日期是星期几，那么你不仅需要记忆，还要运算。因为单纯的记忆无法记得住那么多内容，单纯的运算也会让人算傻眼。通过庞大的数据运算后，我得出一个规律，你记得越多，你算得越少。如果用最简单的道理来说就是每个月有自己固定的月份密码，只要记住这个密码，你就可以通过最简单的算法来把星期几算出来。下面我就给大家分享一下这个方法。

星期几的算法=（月份密码+号数）/7，余数是多少就是星期几，刚好整除就是星期天。

比如2018年8月27日，2018年8月的密码是2，所以（2+27）/7=4……1，余数是1，所以2018年8月27日是星期一。

月份的密码是算出来的，每月的1号是星期几，就拿星期几减1，得到的数字就是当月的月份密码。比如2018年3月1日是星期四，就拿4减去1得3，所以2018年3月的月份密码是3；如果不会算就记住每个月的月份密码即可，比如2018年各月份的密码分别为0、3、3、6、1、4、6、2、5、0、3、5。大家可以通过分段法来记忆密码，比如我个人比较喜欢分为4段，也就是033、614、

625、035这样来记忆。记住密码后就可以尝试应用这个方法啦。这里随机找几个日期给大家算一下。

2018年5月4日

2018年10月1日

2018年3月8日

2018年12月25日

答案分别是：星期五 星期一 星期四 星期二

小结：每一年的月份密码不一定是一样的，比如2018年的和2015年的就不一样；也有一样的，比如2018年和1990年的月份密码是一样的。万年历的算法和记忆方法有很多，这只是其中一种最简单的，要想做到随便任何一年的日期都可以算出是星期几，这里面又会牵涉世纪密码和年份密码，还有更加省时运算的日码等，大家如果有兴趣可以联系我们学习更多相关知识。

全脑口诀第十九招——状元学习法

我们之所以研究状元学习法是因为心理学告诉我们，“要想成为什么样的人就要跟什么样的人一起”。我们经过长期研究，发现并总结了中高考状元的15个基本素养，它们分别是：

1.有明确的奋斗目标

2.借力名师指导

3.勤奋好学

4.思维活跃

5.喜欢背诵

6.兴趣

7.毅力

8.课前预习

9.认真听课

10.课后复习

11.总结归纳

12.高质量完成作业

13.做中（高）考真题

14.使用错题本

15.良好的心态

我们先用简单的理解或想象来把这15个素养记下来，然后再往下细看。

场景：想象你是一个有明确奋斗目标的学生，很会借助名师的力量来指导你勤奋好学，当你勤奋好学的时候你的思维很活跃，还很喜欢背诵，对学习有着浓厚的兴趣，面对你不喜欢的科目你也能凭借你的毅力来学好它，你每次上课前都会认真做课前预习，上课的时候非常认真听课，上完课后你还做了课后复习，复习完还用思维导图做了总结归纳，还高质量地完成了作业，完成作业后还做了些试卷，在试卷上做错的题目还写在错题本上，然后很开心，从此拥有了良好的心态，最后就美美地睡了一觉。

通过上面这个场景，我相信一般人都可以理解和记得住这15个素养的内容。下面我们就给大家简单地分享一下这15个状元素养。

一、有明确的奋斗目标

故事一

哈佛大学有一个非常著名的关于目标对人生影响的跟踪调查。调查对象是一群智力、学历、环境等条件差不多的年轻人。调查结果发现：

27%的人没有目标；

60%的人目标模糊；

10%的人有清晰但比较短期的目标；

3%的人有清晰且长期的目标。

经过25年的跟踪研究，发现他们的生活状况及分布现象有一定规律：

3%有清晰且长期目标的人，他们大都成了社会各界的顶尖成功人士，其中不乏白手创业者、行业领袖、社会精英；

10%有清晰但目标比较短期的人，大都生活在社会的中上层，成为各行业的不可或缺的专业人士，如律师、医生、工程师、高级主管等；

60%的目标模糊的人，几乎都生活在社会的中下层，他们能安稳地生活与工作，但都没有什么特别的成绩；

剩下的那27%的没有目标的人，几乎都生活在社会的最底层，他们的生活过得都不如意，常常失业，并且抱怨他人，抱怨社会，抱怨世界。

调查者因此得出结论：目标对人生有巨大的导向性作用。

启发：对于中小学来说有明确的目标也是非常重要的，你的目标可以是考一个重点初中或高中，也可以是考个重点大学如哈佛大学、北京大学、清华大学等；你的目标还可以是小的，比如本学期要进步多少名，或者是这个月要进步多少，语文提高10分，数学达到140分，好好地完成这次的作业等，目标既要有长期的，也要有短期的；既要有大的，也要有小的。

故事二

1984年，在东京国际马拉松邀请赛中，名不见经传的日本选手山田本一出人意料地夺得了世界冠军。当记者问他凭什么取得如此惊人的成绩时，他说了这么一句话："凭借智慧战胜对手。"

当时许多人都认为这个偶然跑到前面的矮个子选手是在故弄玄虚。马拉松赛是体力和耐力的运动，只要身体素质好又有耐性就有机会夺冠，爆发力和速度都还在其次，说用智慧取胜确实有点勉强。

1987年，意大利国际马拉松邀请赛在意大利北部城市米兰举行，山田本一代表日本参加比赛。这一次，他又获得了世界冠军。记者又请他谈经验。

山田本一性情木讷，不善言谈，回答的仍是上次那句："用智慧战胜对手。"这回记者在报纸上没再挖苦他，但对他所谓的智慧迷惑不解。

10年后，这个谜终于被解开了，山田本一在他的自传中是这么说的：每次比赛之前，我都要乘车把比赛的线路仔细地看一遍，并把沿途比较醒目的标志画下来。比如第一个标志是银行；第二个标志是一棵大树；第三处标志是一座红房子……这样一直画到赛程的终点。比赛开始后，我就以百米的速度奋力地向第一个目标冲去，等到达第一个目标后，我又以同样的速度向第二个目标冲去。40多公里的赛程，就被我分解成这么几个小目标轻松地跑完了。起初，我并不懂这些道理，我把我的目标定在40多公里外的终点线上的那面旗帜上，结果我跑了十几公里时就疲惫不堪了，我被前面那段遥远的路程给吓倒了。

启发：在现实中，我们做事之所以会半途而废，往往不是因为难度较大，而是觉得目标离我们较远，如果先将目标一点点分解，你需要的就是把每个小目标完成，在不断完成每个小目标的过程中，你的自信心在不断增长，慢慢地积累起你的信心，你就会进入良性循环，慢慢地你就会发现你完成小目标的速度越来越快，越来越容易，直到有一天你完成了你的大目标，那时你会吓自己一跳，哇，原来你是那么优秀。

二、借力名师指导

古人云“名师出高徒”，这话不假！根据中国校友网对全国各省级高考状元的调查显示，2007—2016年全国共有约840名高考状元，近五成的状元父母是教师（35%）和工程师（12.6%），父母是教师或工程师的学生更能受益“名师”。诺贝尔奖是当今世界上影响最大的奖，现在已经成为学术界个人最高荣誉，也是威信最高的国际性大奖。就是这么一个诺贝尔奖，名师出高徒的现象更加明显。据美国哥伦比亚大学的乍克曼教授调查，在1972年以前获得诺贝尔物理、化学、生理医学奖金的92名美籍科学家中，有48人曾是前辈的诺贝尔奖获得者的学生、博士后研究生或助手。92名美国获奖者的平均获奖年龄是51岁，但不容忽视的事实是，受诺贝尔奖获得者指导的人比没有受其指导的平均获奖年龄要小7.2岁。也就是说，获奖的时间要早7年。“7年”是怎样的一个概念，对每个人来说意味着什么，这是不言而喻的。已是诺贝尔奖获得者的导师，能够对弟子施加更加优良的训练，也能把他所研究领域的最先进知识更好地传授给弟子。名师同样在中高考中扮演了非常重要的角色，为什么有些学校经常能出中高考状元，其中一个原因就是那里有着经验丰富的中高考名师。当然，不是每个学校都有全国数一数二的名师，因此我们要学会借助互联网等途径跟名师学习，另外一方面“名师出高徒”也说明了在课堂上认真听讲和积极向老师请教的重要性。

三、勤奋好学

谈到勤奋好学，在我们大部分人看来是不用说的，如果都做不到勤奋好学，那么一切成就都是妄想。曾经有位著名的企业家在接受媒体采访时透露自己的成功秘诀就是“比去年努力4倍”。江西高考理科状元刘浩捷说：“平时学习习惯严谨认真，对自己要求很严格，爱好看书，勤奋好学。”湖北理科状元肖雨表示：“天赋异禀也需勤奋，课堂课间时间都要利用好。”2012海南高考文科状元郑林壮在接受南海网记者采访时表示：“自己平时生活中除了勤奋好学，就是好学勤奋。”

四、思维活跃

思维活跃是每个学霸都具有的特质，举一反三的能力是成为学霸不可缺少的能力，每年的中高考题目都在变，考试的重难点也有所变化，甚至考试的形式都或多或少地在变化。试想，如果我们以一成不变的思维去学习、去考试，那会有多么的槽糕。云南文科状元朱俊瑞的经验为：轻松开心学习，不要带着太大包袱；脚踏实地反复揣摩每天所学内容，跟着老师的同时不忘给自己思考的空间；饱读诗书，尤其是文科生必须满腹诗华，思维活跃，对付文综考试才能得心应手。

五、喜欢背诵

很多语文和英语名师都认可“背多分”定律。“背多分”定律指的是学习一定要多背诵，特别是语文和英语等文科类学科。曾经有北京大学的厨师通过背出《新概念英语》等书籍，最终在雅思考试中竟然比很多北大学生考的分还高。另外一方面我们不仅要背诵，而且要学会巧妙地背书。

在2017年北京市高考文科第一名熊轩昂看来，文综首先要背，背是必要条件，但理解后再背是比较有意思的，而且如果自己比别人背得好就特别有成就感，然后就更愿意去背。

2017年浙江省瑞安市高考学霸姚欣汝在谈学习方法时也提到了背书，她的方法是先背目录，背完目录之后，就可以把这本书的知识框架化，这样子每次只背3句话，实际上你就是把整本书变成了无数个3句话，这样背起来就比较有系统性。

把记忆的时间定在晚上，并且要在独自不受干扰的情况下。最好是睡前把背过的东西再回忆一遍，因为睡眠时没有新的信息输入大脑，刚刚记忆的东西就能不受干扰了；一次不能吃成个胖子，每天定量记忆；交叉变换科目来记忆，效果好。也可以变换不同方法来记忆：重复记忆法、对比记忆法、归纳记忆法、联想记忆法等，根据科目的不同选择不同的方法。

六、兴趣

在江苏省南通市高考理科第一名任李理看来，兴趣是学习的帮手。对化学有着浓厚兴趣的任李理，在自己房间里还做起了小实验，提取氢气、二氧化碳……让他乐趣无穷。伟大的科学家爱因斯坦说过“兴趣是最好的老师”，99%的世界记忆大赛的选手都是对记忆法有着浓厚兴趣的。伟大的生物学家达尔文在自传中写道：“就我记得在学校时期的性格来说，其中对我后来产生影响的，就是我的强烈而多样的兴趣，沉溺于自己感兴趣的东西，了解任何复杂的问题和事物。”刘国梁有一次在接受采访时说，为什么乒乓球是中国的国球？原因之一是乒乓球在中国拥有坚实的群众基础，中国乒乓球人口将近有1亿，大概由专业选手2000人+业余体校30000人+民间乒乓球爱好者8300万人构成。这些事例无不说明了兴趣的重要。

七、毅力

“铁杵磨成针”这个成语大家都很熟悉，就是比喻只要长期努力不懈，再难的事也能成功的。这个成语也说成“只要工夫深，铁杵磨成针”。

李白被人们称为“诗仙”，是个很有才华的伟大诗人，但是连这么有才华的人都需要刻苦地学习，那么普通人不就更需要努力了吗？因此同学们，无论我们的才华、天资如何，都应该努力学习；无论要什么事都应该持之以恒！

中高考的准备至少都是3年，3年的时间可以说是“学习马拉松”了，如果没有一定的毅力是很难坚持下来的。虽然我们提倡的是快乐学习，但是没有任何一个学霸也没有任何一个中高考状元在学习中是只有快乐而没有痛苦的，成功必定会经历痛苦。既然要经历痛苦，那么毅力就是必需的。

八、课前预习

有一件事情让我现在依然印象深刻，那是初一的第一次数学考试，全班得满分的学生只有4个，其中包括我。后来发现，我们4个同学都有超前学习的习惯，通过预习、超前学习完成了大部分课后习题的练习，不懂的题目还相互探讨，比赛看谁做的练习最多。因为有了超前学习和预习的习惯，在中考的时候我们4个人中的3个都考上了重点高中，而且后来我们都考上了重点大学。

要养成预习的习惯，预习时先以章节为单位通读课本，了解大概内容，比如插图、插图下面的标题或解说、每页底部注脚等不要疏漏。对于无法弄懂的地方，用铅笔画上记号，上课时注意听老师讲解或课前找同学讨论。对于知识点繁杂的章节，可以在纸上列一个图表，分层次讲知识点列举出来。最好养成超前学习的习惯：一般在一个学期刚开始，甚至在学期开始前的寒暑假，就借来课本，进行预习。

九、认真听课

很多学生曾经疑惑是不是经过预习就不需要听课了，我想这个问题不需要讨论就可以直接答案，那么答案就是还是要听课的，不仅要听课，而且还要认真地听课。大部分教师都是有一定的教学经验的，特别是重点学校的名师，他们有些有十几年甚至几十年的经验。十几年或几十年的研究和经验确实可以让我们少走弯路，有位名人曾说“少走弯路就是少浪费时间，让时间更有价值”。

听课时一定要跟上老师的速度。上课积极回答问题是一种非常好的锻炼方式，本来被动的听课变成了一种积极、互动的活动，双向交流有利于知识的吸收。上课时多问几个“为什么”，用主动的辩证思维去学习是很有用处的，下课后也要反思自己的问题。

十、课后复习

任何记忆方法都难免遇到遗忘的问题，那么要想做到高效记忆和高效学习就要学会科学的复习。在每一次的学习之后及时的复习成为很多学霸的秘诀。那么如何进行有效的课后复习呢？这里给大家分享一点复习的方法。很多学霸说复习的时候重点看自己不会的东西，不死记硬背所有知识，而是去抓住各知识点问题的实质，但不要忘记巩固自己已会的知识。

“三遍复习法”：每天晚上做作业后复习当天的东西；周末复习这周学过的东西；考前安排较多时间复习自己比较差的科目。“目录——内容——联想——目录”四部曲复习法。

十一、总结归纳

通常说的归纳包括两个方面：一是课堂归纳，二是错题归纳。归纳时可按章节和知识块进行，每一科都有专门用来归纳的笔记本。对于语文，主要归纳诗词名句、成语俗语、文言实词、虚词、病句类型、作文写法等。数理化可归纳出整个知识结构图，记清楚所学公式。英语可以按照语法、单词等进行分类。

十二、高质量完成作业

内蒙古文科状元张丽坤表示：“我平日的学习就是多积累、多用心，把老师布置的作业认真完成，在自己能力范围内去学习和储备更多的知识。”

十三、做中（高）考真题

作为学霸要培养答题技巧。2017年福建省福清市高考理科学霸张子文的考试秘籍就是独家的“答题技巧”，他说在学习过程中，真正掌握解答各类题型的思路和技巧，比实施题海战术更加实用。

他建议要在高一、高二的时候认真听讲，打好基础，在高三总复习这一关键阶段，针对各科的题型特点，侧重于培养适合自己的答题技巧。“每个人的思维方式、做题习惯都是不一样的，只有找到适合自己的学习方法，才是最有效的。”

十四、使用错题本

2017年浙江省瑞安市高考第一名姚欣汝的学习方法是做错题集。姚欣汝说，在做错题集的时候可以用荧光笔划出来，这样子既节省时间，而且知识点有梳理过，复习的时候也更加有针对性，而且会让你的作业本更加漂亮。

学霸们都很重视错题集，姚欣汝的习惯是用5种不同颜色的荧光笔，在练习本上画出错题、难题、重点等，不同的色彩代表着不同属性的题目，这样重做温习的时候，便能一目了然。既提高了复习的效率，五彩斑斓的色彩又能愉悦心情，一举两得。

2017年福建省高考文科学霸温晋分享的方法是，平常每科科目在考试成绩出来后，他都会主动找科任老师沟通。“每当阶段性模拟考某科目发挥不佳时，我就会主动找科任老师沟通，及时纠错总结。”温晋说，这种梳理和归纳对调整学习的方式方法是有益处的。

十五、良好的心态

成功人士都知道心态有多重要，各行各业的高手更知道高手之间比拼的主要是心态，冠军更加知道良好的心态是走得更远的保障。心理状态是影响着人行为的重要因素，心态好，学习中才能充满激情，学习才更有效率。

良好的心态在中高考的准备中也是一样占据了重要的地位，对于心态广东文科状元胡创欢的经验是要找到适合自己的学习方法，培养良好的心态。良好的心态才能正常发挥出或超常发挥自己应有的水平，良好的心态才能让我们更健康。

第十章

第七帮助　成就梦想

第二十招——高智商谋略

说到高智商谋略，大家可能不清楚，它包含了人际关系术、人生定位、领导力、企业管理系统、养生知识、思维训练和心法口诀等内容。现在我拿出与生活关系最为密切的内容和大家分享，即人际关系术、心法口诀。

第一节　人际关系术

著名的人际关系专家戴尔卡耐基曾经说过：“一个人事业上的成功，只有15%是由于他的专业技术，另外的85%要依依耐人际关系、外世技巧。”人际关系术有很多种，其中一种就是记住他人的名字。要想知道记住他人的名字有多大的好处，我们先来看看几个故事吧。

能记住 5 万个名字的人

1898年在纽约洛克兰郡，一位叫吉姆·法里的人不幸被马踢死，留下了一位寡妇和3个孩子，以及几百元钱的保险金。他的最大的儿子才10岁。可怜的小吉姆只好到一个砖场去干活，没有机会接受多少教育的小吉姆，却有一个惊人的能力，善于记住别人的名字。这一才华，最终帮助他走上仕途。在46岁之前，从未上过中学的他却获得4所学院的名誉学位，成为民主党全国委员会的主席，美国邮政总局局长。最后，还是凭着这个能力，他帮助富兰克林·罗斯福入主白宫。

当然，小吉姆的这个能力也不是天生的。在他为一家石膏公司到处推销产品的那几年，在他身为石点镇上一名公务员的那几年间，他建立了一套记住别人姓名的方法。每次他新认识一个人，就问清楚他的全名，他家的人口，他干什么行业，以及他的政治观点。他把这些资料全部记在脑海里，即使是一年后再碰到，他还能拍拍对方的肩膀，询问他的太太和孩子，以及他家后面的那些蜀葵。

当卡耐基询问小吉姆·法利成功的秘诀到底是什么时，卡耐基对他说："我知道你可以叫出1万人的名字。""不。你错了，"他说，"我可以叫出5万人的名字。"

小吉姆·法利早年发现，记住人家的名字，而且很自然地叫出来，等于给予别人一个巧妙而有效的赞美。

钢铁大王卡内基

卡内基是位钢铁大王，但他对钢铁的制造却了解得很少。不过，他的手下却有数百位比他了解钢铁的人帮助他。这是因为他知道怎样做人处世，他从小就表现出惊人的组织才华和领导天才。早在他10岁的时候，他就发现人们对自己的姓名看得惊人的重要。而他利用这项发现，去赢得别人的合作。有一次，他在苏格兰老家抓到一只兔子，那是一只母兔。他很快发现了一整窝的小兔子，但没有东西喂它们。小卡内基想出一个很妙的办法。他对附近的那些孩子说，如果他们找到足够的苜蓿和蒲公英，喂饱那些兔子，他就以他们的名字来替那些兔子命名。这方法太灵验了，那些孩子成了这群兔子的义务拔草工。这一经验让卡内基终生难忘，受益一辈子。

当卡内基与普尔门为卧车生意而互相竞争的时候，他又想起了孩提时代兔子的经验。他以对方的名字命名两家合作后的卧车公司，马上取得乔治·普尔门的赞同。他能轻易叫出许多员工的名字，是他成功的秘诀之一。

如果你要别人喜欢，请你记住他的名字，因为对他来说，这是任何语言中最甜蜜、最重要的声音。

看完上面的故事我想大家应该知道记住他人的名字为什么那么重要了吧，而且是不是有点想多记住他人名字的冲动呢？我在读了他们的故事后也激动不已，原来记一下名字就可以有那么大的帮助。后来我也很喜欢记住他人的名字，而且给我带来不小的惊喜。

我曾因为记忆方面的表现受到中央电视台的采访，在采访的时候我就重点分享了人名头像的记忆方法。

记住他人的名字是我们每个记忆选手的必修课。因为世界记忆大赛里面有个项目就是人名头像的记忆，看到头像要记住对应的名字。人名头像的世界纪录是15分钟记住内100多人的名字。既然记住他人名字那么重要，又有那么大的帮助，我们应该如何快速记住他人的名字呢？下面我就给大家分享一下如何快速记忆名字，大家好好学习定会受益终生。

记忆人名与头像的方法不难，标准来看就三个步骤：

第一步找头像特点：找出头像的特点，并把这个或这些特点放大夸张。

第二步转换名字：把名字转换为容易记忆的图像。

第三步连接：把头像特点与名字图像进行紧密的连接，看到头像就想起名字，或看到名字就想起头像。

人名头像比赛记忆的时候，我们一般是先看名字，如果觉得不好记忆的就跳过，寻找下一个记忆目标。但是生活中我们往往是先看到他人的长相，然后才知道名字的，所以我们在研究名字之前先学会观察他人的长相，并对长相进行简单的分类，下面我们来看一下人的面部特征的分类。

第一步找头像特点：找出头像的特点，并把这个或这些特点放大夸张。

一、头

（一）正面看

当你正面面对一个人时，一个人的脑袋可以分为“大、中、小”三类。每一类又可以细分为1.方形；2.长方形；3.圆形；4.椭圆形；5.尖头顶的三角形；6.尖下巴的三角形；7.宽型；8.窄型；9.骨骼粗大型；10.骨骼纤细型。

（二）侧面看

如果你是从侧面看一个人的头部，你会发现这个视觉角度看到的头部类型有很多，大致包括：1.方形；2.长方形；3.椭圆形；4.宽型；5.窄型；6.圆形；

7.面部扁平型；8.顶部扁平型；9.后部扁平型；10.后部圆勺型；11.前额倾下巴突出的三角形；12.下巴后削前额隆起的三角形。

二、头发

头发的样式很多，但有以下基本的特征：1.浓密的；2.稀疏的；3.卷曲的；4.笔直的；5.分头；6.背头；7.平头；8.秃头；9.中分头；10.长发；11.短发；12.特殊颜色的。

三、前额

人的前额一般可分为以下几类：1.高的；2.宽的；3.窄的；4.两鬓之间较窄；5.平坦的（无皱纹）；6.有横的皱纹；7.有竖的皱纹。

四、眉毛

1.浓的；2.淡的；3.长的；4短的；5.两眉相连；6.两眉分开；7.平直的；8.八字型；9.双眉上挑；10.末梢细的。

五、眼睫毛

1.浓的；2.稀的；3.长的；4.短的；5.弯的；6.直的。

六、眼睛

1.大的；2.小的；3.突出的（鼓的）；4.深陷的；5.两眼靠近；6.两眼远离；7.上斜；8.下斜；9.不同颜色；10.两眼大小不同；11.白眼仁多，黑眼仁少；12.白眼仁少，黑眼仁多；

七、鼻子

从正面看：1. 大的；2. 小的；3. 细长的；4. 较宽；5. 居中。

从侧面看: 1. 直的; 2. 扁平的; 3. 带尖的; 4. 不带尖的; 5. 狮子鼻; 6. 鹰勾鼻; 7. 凹陷的。鼻孔则分为: 1. 直的；2. 弯的；3. 向外张开；4. 向上翘起；5. 孔大的；6. 孔小的；7. 长毛的。

八、颧骨

正面看人时，颧骨常常是脸型的主要特征，通常有高颧骨、突出的、平坦的。

九、耳朵

人们在观察他人相貌时，很少注意到耳朵的特点，其实耳朵可能比其他面部部位更有特点。耳朵可以分为以下几类：1.大的；2.小的；3.扭曲的；4.较平的；5.圆的；6.椭圆的；7.三角的；8.紧贴头皮的；9.翘起的；10.大耳垂的；11.无耳垂的。

十、嘴唇

1.上唇长；2.上唇短；3.唇小的；4.唇厚的；5.长的；6.薄的；7.向外翻；8.向里翻；9.弓形的；10.性感的；11.红润的；12.苍白的；13.其他。

十一、下巴

从正面看有：1.长的；2.短的；3.尖的；4.方的；5.圆的；6.双下巴。从侧面看有：翘起的、直的、回折的。

十二、皮肤

1.白净的；2.黝黑的；3.粗糙的；4.滑润的；5.油性的；6.干性的；7.黄的；8.苍白的等。

其他还包括手、肢体、牙齿、声音、语调等特征，每个人都不一样，大家在生活中要多观察、多比较，做一个细心的人，良好的观察力也是有助于记忆的。

第二步转换名字：把名字转换为容易记忆的图像。

一、中华民族姓氏渊源

如果要想快速记忆名字，理解很重要，想理解得好我们就要先了解一下中华民族的姓氏渊源。

姓氏是代表每个人及其家族的一种符号。在现代社会里，虽然它的代表意义不那么重要了，但是从它的形成、发展、演变的漫长历史过程来看，它却是构成中华民族文化的一个重要内容。

姓氏，是姓和氏的合称。在遥远的古代，这是两个完全不同的概念。古代姓氏起源于人类早期生存的原始部落之中。

姓氏是怎样产生、发展的？这是一门很有趣的学科，涉及社会学、历史学、语言学、文字学、地理学、民俗学、人口学、地名学等众多学科。

姓的起源可以追溯到人类原始社会的母系氏族制时期。姓是作为区分氏族的特定标志符号。中国的许多古代姓氏都是女字旁，这说明我们祖先曾经经历过母系氏族社会。各姓氏互相通婚，同姓氏族内禁婚，子女归母亲一方，妈妈姓什么，孩子就姓什么。姓的出现是原始人类逐步摆脱蒙昧状态的一个标志。随着社会生产力的发展，母系氏族制度过渡到父系氏族制度，姓改为从父，氏反为女子家族之用。后来，氏族制度逐渐被阶级社会制度所替代，赐土以命氏的治理国家的方法、手段便产生了。氏的出现是人类历史的脚步在迈进阶级社会。姓和氏，是人类进步的两个阶段，是文明的产物。

后来，在春秋战国时期，姓与氏合一，不再区分，表明姓与氏都是姓，表明个人及其家族的符号。这就是我们今天理解的姓氏含义。

现在中国人的姓，大部分是从几千年前代代相传下来的。有人统计，文献记载和现存的共有5600多个。其特点是：源远流长、内容丰富、出处具体。姓氏的形成各有不同的历史过程。同姓不一定是同源，如刘姓就有5处起源。异姓也可能是同出一宗，姓古、吴两姓本是同源，都是古公先祖的后裔。中国姓氏的来历把姓和氏等同看待，一般来讲，一共可以分为12种类别：

1.以氏为姓。氏族社会晚期以至夏、商时代，分支氏族的标号有的也成为后起之姓，如姬、姜、姒、风、已、子、任、伊、嬴、姚。

2.以国名为姓氏。夏、商二代均封侯赐地，西周初年更是实行大封建，大大小小的诸侯国遍布九州，这些国名便成为其国子孙后代的。如程、房、杜、戈、雷、宋、郑、吴、秦等。周文王封少子于狄域，其子孙便姓狄。白狄族一支在今河北省无极县建立鼓国，后代便有姓鼓。有的姓是秦汉以后外邦人带来的，如米姓出自西域米国，安姓出自安息。

3.以邑名为姓氏。如周武王时封司寇忿生采邑于苏，忿生后代因此姓苏。

4.以乡、亭名为氏。如嬴姓秦国的始祖非子的支孙封在邑乡，得邑氏。

5.以居住地为姓氏。如齐国公族大夫分别住在东郭、南郭、西郭、北郭，这四郭便成了姓氏。

6.以先人的字或名为姓氏。如周平王的庶子字林开，其后代姓林。又如齐国大夫童刁的孙子以刁氏传世。

7.以排行为姓氏。如春秋鲁国有孟孙氏、叔孙氏和季孙氏。

8.以官职为姓氏。如西周的职官司、司马、司空后来均成为姓。又如汉代有治粟都尉，后代便姓粟。

9.以技艺为姓氏。商朝有巫氏，是用筮占卜的创始者，后世便以为氏。又如卜、陶、甄、屠等姓均是以技艺为氏。

10.古代少数民族融合到汉族中带来的姓。如慕容、宇文、呼延等。

11.以谥号为氏。如庄氏原为楚庄王之后，康氏原为周武王之弟康叔之后。

12.因赐姓、避讳而改姓。如南朝隆武帝把国姓“朱”赐给了郑成功，闽台百姓称郑成功为“国姓爷”。又如汉文帝名刘恒，恒氏因而改为常氏。

关于姓氏的著作也有经典的，如北宋的《百家姓》，明朝的《千家姓》，清朝康熙年间的《御制百家姓》，其中最常见的是北宋的《百家姓》，我也曾经背诵过，难度不大。《百家姓》收录了中国古代400多个姓氏，并对各个姓氏望族居住地进行了考证。明朝洪武年间的吴沈已收集到1900多个姓。据调查，中国人主要使用的汉姓达3050个之多，而使用最多的100个姓是以下这些：

白 薛 蔡 曹 曾 常 陈 程 崔 戴 邓 丁 董 杜 段 范 方 冯 傅 高 龚 顾 郭 韩 郝 何 贺 侯 胡 黄 贾 江 姜 蒋 金 康 孔 赖 雷 黎 李 梁 廖 林 刘 龙 卢 陆 罗 吕 马 毛 孟 潘 彭 钱 乔 秦 邱 任 邵 沈 石 史 宋 苏 孙 谭 汤 唐 田 万 汪 王 魏 文 吴 武 夏 萧 谢 熊 徐 许 阎 杨 姚 叶 易 尹 于 余 袁 张 赵 郑 钟 周 朱 邹

这100个姓的人口约占中国总人数的85%；较为常见的姓，也有300个左右，其人口则占人口总数的99%以上。为了快速地记住姓名，我们把中华民族最常用的这100多个姓进行了编码，另外我们还把姓氏编码的范围扩充到近200多个姓，这样会更加方便我们转换名字为图像，也就更加方便记忆。常见姓氏编码如下（按拼音排列）：

白	白头发、白板	毕	匕首	卞	辫子
蔡	青菜	曹	野草	岑	cen 尘土、灰尘
常	肠子	陈	陈皮	车	汽车
成	城池	程	橙子	池	池塘
邓	灯泡	丁	钉子	范	米饭
方	房子	樊	番茄	费	飞机
冯	缝纫机、两匹马	符	斧头	傅	师傅、父亲
甘	柑子、甘蔗	高	雪糕	葛	鸽子
龚	工人	古	骨头、古龙	关	棺材、关羽
郭	锅盖、电饭锅	韩	汗水、汗珠	何	荷花、河流
贺	盒子、贺礼	洪	洪水、山洪	侯	猴子
胡	胡子、二胡、老虎	华	画画、画家、花卉	黄	皇帝、黄豆
霍	火、货物	姬	鸡	简	剑
江	长江	姜	生姜	蒋	奖牌、奖品
金	黄金、金子	康	医生（健康）	柯	蝌蚪
孔	孔子、恐龙	赖	无赖	郎	新郎
乐	le 乐器	雷	雷雨	黎	荔枝、梨子
李	李子	连	莲子、莲藕	廉	镰刀
梁	横梁	廖	小鸟	林	树林、森林
凌	铃铛	刘	流星	柳	柳树
龙	龙	卢	露珠	鲁	鲁迅
陆	陆军	路	道路	吕	铝盒
罗	锣鼓、箩筐	骆	骆驼	马	马
梅	梅花	孟	孟子、猛男	莫	墨水
母	母亲	穆	墓地、穆桂英	倪	泥土
宁	柠檬	欧	海鸥、欧洲	区	ou 藕、地区
潘	叛徒、潘金莲	彭	朋友、彭德怀	蒲	葡萄、菩萨
皮	皮球、皮肤	齐	棋、旗	戚	油漆、亲戚
钱	人民币、硬币	强	墙壁	秦	钢琴、琴
丘	丘陵	邱	囚犯	饶	钥匙
任	人民	沈	神仙	盛	绳子
施	西施	石	石头	时	时迁、时针
史	死人、使者	司徒	徒弟、司机的徒弟	宋	松树、松鼠
苏	书本、耶稣	孙	孙子、孙悟空	谭	坦克、毛毯

汤	汤圆、汤水	唐	糖果、白糖	陶	陶瓷、桃子
田	田野、田园	童	儿童	涂	涂料、兔子
王	王爷、网	危	危险	韦	芦苇
卫	门卫、守卫	魏	鬼	温	瘟疫
文	文人、蚊子	翁	老翁	巫	雾、巫师
邬	乌鸦、乌龟、乌云	吴	蜈蚣	伍	武当山
武	舞蹈	席	草席	夏	大厦
肖	小月亮、弯弯的月亮	萧	学校、笑脸	谢	鞋子
辛	薪水、心脏	邢	变形、刑具	徐	棉絮、慢慢的
许	许诺、虚假	薛	雪花、靴子	严	盐、岩石
颜	颜色	杨	羊	叶	树叶、叶子
易	医生、机翼	殷	音响、音箱	尤	鱿鱼、油
于	玉	余	鱼	俞	愉快
虞	雨水	元	美元、公园	袁	猿人、猿猴
岳	月亮、岳飞	云	云彩、孕妇	曾	风筝
詹	站台、展厅、车站	张	张飞、张学友、弓箭	章	印章、蟑螂
赵	照相机、赵云	郑	毕业证、风筝	钟	时钟、钟表
周	小舟	邹	白米粥	朱	珠子、珍珠
褚	猪八戒、猪	庄	桩子、庄子	卓	桌子、书桌

二、国内常见名字研究

因为我们身边主要是中国人，所以我们研究名字的重心就放在中国人的名字上。在中华文化中，很多起名的学问里面都认为人的姓名不只是一个简单的文字符号，而且对人的情绪、智力、婚恋、健康等各方面有着一定的影响，另外，好名字不仅会令人印象深刻，自己也能认同。所以中国人的名字多少都代表着一定的意义。

（一）起名原则

一般国人起名字有以下原则：

1.**好听：**好的名字好听，不少艺术家或作家都会另外取一个名字或另取字号，如张大千（原名张员）。

2.**避免谐音：** 父母若打算自己帮宝宝取名字，要注意名字念起来是否有不雅的谐音，以免日后徒生困扰。如杜紫藤、皮古达、夏琪等。最好是名字取好后，多念几遍，看看听起来是否有歧义。

3.**注意字义：** 父母若想为孩子取名字，必须先了解字的意义，因为有些字并不常见，或者换了旁侧的部首，却意义不佳，所以最好在取名字前，查阅字典确定字义。

4.**八字：**有些是参考宝宝的八字来帮宝宝取名，即利用八字来了解宝宝的先天命格，如是否阴阳协调、五行均等，再借着取名来调和、改善宝宝的运势。帮宝宝命名可以依照八字命盘、再参考格局、笔画，最后找出合适的字义。比如由八字得知宝宝个性任性刁蛮，建议可用，如理、德、修、维，来修饰孩子的个性。

5.**生肖：**不少父母在取名字时，常会因生肖来选择字，如龙年时男生常取名为龙。或者某些生肖，适合用某些字，如蛇喜欢待在小洞，蛇年出生的宝宝，可以选择哲、启、善、唯等字。

6.**单名：**一般而言，单名好记且响亮，但是就单名欠缺地格、外格，除非命格好者，否则不适合使用，或者可再取字或号作为辅助，如孙文，字中山；李白，字太白。

（二）名字意思解释

致远（出自诸葛亮的《诫子书》“非淡泊无以明志,非宁静无以致远”）

俊驰（出自成语：俊采星驰）

雨泽（恩惠像雨一样多）

烨磊（光明磊落）

晟睿（“晟”是光明、兴盛的意思，读shèng；“睿”是智慧的意思）

天佑（生来就有上天庇佑的孩子）

文昊（昊：广大无边）

修洁（修：形容身材修长高大；洁：整洁）

黎昕（黎：黎明；昕：明亮的样子 ）

远航（好男儿，就放他去远航吧）

旭尧（旭：旭日；尧：上古时期的贤明君主，后泛指圣人）
鸿涛（鸿：旺盛，兴盛）
伟祺（伟：伟大；祺：吉祥）
荣轩（轩：气度不凡）
越泽（泽：广博的水源）
浩宇（胸怀犹如宇宙，浩瀚无穷）
瑾瑜（握瑾怀瑜，比喻拥有美好的品德）
皓轩（光明磊落，气宇轩昂）
擎苍（顶天立地，男儿本色）
志泽（泽：广域的水源）
子轩（轩：气度不凡）
睿渊（睿智；学识渊博）
弘文（弘扬；文：文学家）
哲瀚（拥有广大的学问）
雨泽（恩惠）
楷瑞（楷：楷模；瑞：吉祥）
建辉（建造辉煌成就）
晋鹏（晋：进，上进；鹏：比喻前程远大）
天磊（磊：众石累积）
绍辉（绍：继承；辉：光辉）
泽洋（广阔的海洋）
鑫磊（鑫：财富）
鹏煊（煊：光明，读xuān）
昊强（昊：苍天，苍穹）
伟宸（宸：古代君王的代称）
博超（博：博大；超：超越）
君浩（君：君子；浩：浩大）
子骞（骞：高举，飞起）
鹏涛（鹏：比喻气势雄伟）

炎彬（炎：燃烧；彬：形容文雅）
鹤轩（鹤：闲云野鹤； 轩：气度不凡）
越彬（彬：形容文雅）
风华（风华正茂）
靖琪（靖：平安；琪：美玉）
明辉（辉：光明）
伟诚（伟：伟大；诚：诚实）
明轩（轩：气度不凡）
健柏（柏：松柏，是长寿的象征。“健柏”就是健康长寿的意思）
修杰（修：形容身材修长高大）
志泽（泽：广域的水源）
峻熙（峻：高大威猛；熙：前途一片光明）
嘉懿（嘉：美好；懿：美好）
煜城（照耀城市）
懿轩（懿：美好；轩：气宇轩昂）
烨伟（烨：光耀）
苑博（博：博学）
伟泽（伟：伟大；泽：广域的水源）
熠彤（熠：光耀；彤：红色）
鸿煊（鸿：大也；煊：光明）
博涛（博：博学）

（三）常见名字大全

看了常见名字大全这些名字并通过训练后，我发现身边的人不少名字在常见名字大全里面，遇到的人也不少在里面，所以一听到名字就觉得很亲切，记忆起来就简单得多。

第三步连接：把头像特点与名字图像进行紧密的连接，看到头像就想起名字，或看到名字就想起头像。

比如一个人的头像特征是头很圆，名字叫李安邦，我们可以想象头圆的人很有本事可以用李子定国安邦。下面以行排的形式展示一下名字实际记忆应用，其中头像特征和名字均为随机生成，如有雷同纯属巧合。

1.头像特征：脸很长　名字：孙雅宁　连接：想象脸很长是因为孙女很优雅宁静的睡觉把脸睡长了。

2.头像特征：鼻子很挺　名字：白德海　连接：想象在白色的海水里面把鼻子泡挺了。

3.头像特征：头发很黄　名字：黄子美　连接：黄毛丫头很美。

4.头像特征：眼睛很小　名字：蓝精灵　连接：真是蓝精灵啊，眼睛那么小。

5.头像特征：三角脸　名字：陈永寿　连接：玩三角恋的人吃了陈皮永远都瘦。

6.头像特征：瓜子脸　名字：王思云　连接：大王思考云彩上怎么种瓜子。

7.头像特征：牙齿突出　名字：万子珍　连接：子珍的牙齿突出来咬住万能钥匙。

8.头像特征：耳朵很大　名字：刘德明　连接：耳朵很大，可以在上面留（刘）下你的名（德明）。

9.头像特征：脖子长　名字：谢文华　连接：谢谢你伸长脖子闻花（文华）。

10.头像特征：小酒窝　名字：张淑兰　连接：喝了酒就想张开手臂睡懒觉。（淑兰——睡懒）

小结：在实际生活中，名字的记忆还可以配合其它的一些方法，比如多重复几遍对方名字，也可以在认识他人之后及时把名字写下来，当然现在都使用手机，所以可以用手机把他人名字记下来，如果可以的话加上电话号码，在对方允许的情况下也可以拍照记录等。

第二节　心法口诀

在讲心法口诀之前，给大家分享“牛仔大王”李维斯的故事。

李维斯年轻时，和当时许多年青人一样，带着梦想前往西部追赶淘金热潮。

一日，突然间他发现有一条大河挡住了他西去的路。苦等数日，被阻隔的行人越来越多，但都无法过河。于是陆续有人向上游、下游绕道而行，也有人打道回俯，更多的则是怨声一片。而心情慢慢平静下来的李维斯想起了曾有人传授给他的一个“思考致胜”的法宝，是一段话：“太棒了，这样的事情竟然发生在我的身上，又给了我一个成长的机会。凡事的发生必有其因果，必有助于我。”于是他来到大河边，“非常兴奋”地不断重复着对自己说：“太棒了，大河居然挡住我的去路，又给我一次成长的机会，凡事的发生必有其因果，必有助于我。”果然，他真的有了一个绝妙的创业主意——摆渡。没有人吝啬一点小钱坐他的渡船过河，于是，他人生的第一笔财富居然因大河挡道而迅速获得。

一段时间后，摆渡生意开始清淡。他决定放弃，并继续前往西部淘金。来到西部，四处是人，他找到一块合适的空地，买了工具便开始淘金。没过多久，有几个恶汉围住他，叫他滚开，别侵犯他们的地盘。他刚理论几句，那伙人便失去耐心，对他一顿拳打脚踢。无奈之下，他只好灰溜溜地离开。好容易找到另一处合适地方，没多久，悲剧再次重演。在他刚到西部那段时间，多次被欺侮，终于，最后一次被人打完之后，看着那些人扬长而去的背影，他又一次想起他的“致胜法宝”：太棒了，这样在事情竟然发生在我的身上，又给了我一次成长的机会；凡事的发生必有其因果，必有助于我。他真切地、兴奋地反复对自己说着，终于，他想出了另一个绝妙的主意——卖水。

西部黄金不缺，但似乎自己无力与人争雄；西部缺水，可似乎没什么人能想它。不久，他卖水的生意便红红火火。慢慢地，也有人参与了他的新行业，再后来，同行的人已越来越多。终于有一天，在他旁边卖水的一个壮汉对他发出通牒：“小个子，以后你别来卖水了，从明天早上开始，这儿卖水的地盘归我了。”他以为那人是在开玩笑，第二天依然来了，没想到那家伙立即走上来，不由分说便对他一顿暴打，最后还将他的水车也一起拆烂。李维斯不得不再次无奈地接受现实。然而当这家伙扬长而去时，他立即开始调整自己的心态，强行让自己兴奋起来，不断对自己说着：太棒了，这样的事情竟然发生在我的身上，又给我一次成长的机会；凡事的发生必有其因果，必有助于我。他开始调整自己注意的焦点。他发现在来西部淘金的人，衣服极易磨破，同时又发现西部到处都有废弃的帐蓬，于是他又有了一个绝妙的好主意——把那些废弃的帐蓬收集起来，洗洗干净，就这样，他缝成了世界上第一条牛仔裤！从此，他一发而 不可收，最终成为举世闻名的“牛仔大王”。

从他的故事我们可以得到一个启发：遇到任何事情不要抱怨，要学会消除负面想法，消除负能量。

如何消除负能量呢？答案就是多接触正能量的事物。我们身边或多或少会有抱怨、消极、易生气等负能量的人，解决这个问题最快的方法就是建立起强大的自我，而人若想要强大就必须先让自己的思想强大起来，让心强大起来。如何让我们的新强大起来呢，答案就是使用正能量心法口诀。

每个人都有自己不一样的情况，根据多年的学习和摸索，我根据教授高智商谋略课程教的方法，创造和收集了很多正能量心法口诀，特别是从励志传奇《世界上最伟大的推销员》里面精选出来一些正能量心法口诀（或者说句子），这些心法口诀曾经让我充满了斗志，也让我心平气和地学习和工作。我知道充满斗志和心平气和的好处，本人在高一最后一个学期段考还排在班上第46名，之后看了一本让我充满斗志而又能心平气和学习的书，里面的一些句子对我帮助特别大，在期末的备考中让我始终保持良好的状态，最后也期末也考了班上前10名，在年级也排在了前60名，也因此拿到了高中的第一次奖学金，所以我也希望大家能从某些特定的句子中得到启发和帮助。

一、记忆训练的心法口诀

（一）谦虚求学

1.记忆法的学习需要一个教练。

2.全世界的记忆大师都有一个专业教练。

（二）信念坚定

1.一切的一切都是自信心的较量。

2.信念有多强烈，人就有多大的改变。

3.我们是我们所思所想的结果。

4.我们的所思所想都会引起大脑一定的生理反应。

5.记忆可以像肌肉一样练出来的，练得越多越强大。

（三）决心成功

1.决心有多大，技术有多高。

2.记忆法学习成功与否由练习方法和练习程度决定。

（四）付出努力

1.记忆高手都是练出来的。

2.让世界尊敬的都是建造者，而非破坏者。

3.人生最大的破坏力是拥有一颗不劳而获的心。

（五）爱和感恩

1.刻苦努力都是因为爱和感恩。

2.爱和感恩让世界变得更美好。

（六）勇敢挑战

1.我们是勇敢的挑战者！立刻挑战！立刻挑战！立刻挑战！

2.越挑战越精彩。

3.勇于挑战的人永远有机会。

4.精彩的人生从来都不是因为逃避，而是挑战。

5.最令对手害怕的就是挑战精神。

二、自我成长口诀

（一）习惯培养

1.今天，我开始新的生活。

2.好习惯是开启成功的钥匙。

3.任何方法，只要多练习，就会变得简单易行。

4.经过多次重复，一种看似复杂的行为就变得轻而易举，实行起来，就会有无限的乐趣，有了乐趣，出于人之天性，我就更乐意常去实行。

（二）目标（野心）

1. 面对黎明，我不再茫然。

2. 我不是随意来到这个世上的。我生来应为高山，而非草芥。

3. 从今往后，我要竭尽全力成为群峰之巅，将我的潜能发挥到最大限度。

（三）自信（心）

1. 我是自然界最伟大的奇迹。

2. 我是千万年进化的终端产物，头脑和身体都超过以往的帝王与智者。

3. 我的潜力无穷无尽，脑力、体能稍加开发，就能超过以往的任何成就。

4. 我心中燃烧着代代相传的火焰，它激励我超越自己，我要使这团火燃得更旺，向世界宣布我的出类拔萃。

5.我一直相信，只要心中的那团火烧得恰到好处，迟早它会冒出火花，那时你就会成为一个真正的高手，以前吃的苦都没有白费。

6.今天我要加倍重视自己的价值。

7.一颗麦粒增加数倍以后，可以变成数千株麦苗，再把这些麦苗增加数倍，如此数十次，它们可以供养世上所有的城市。难道我不如一颗麦粒吗?

（四）珍惜时间（时间管理）

1.每一分一秒，我要用双手捧住，用爱心抚摸，因为它们如此宝贵。

2.垂死的人用毕生的钱财都无法换得一口生气。我无法计算时间的价值，它们是无价之宝！

3.我不听闲话，不游手好闲，不与不务正业的人来往。

4.我憎恨那些浪费时间的行为。我要摧毁拖延的习性。

（五）行动力（速度、主动、克服恐惧）

1.做任何事情，我将全力以赴。

2.我永远沐浴在热情的光影中。

3.我不再于空等中期待机会之神的拥抱。

4.我每天都会充满活力地醒来。我从来没有这样精力充沛过。

5.我更有活力，更有热情，要向世界挑战的欲望克服了一切恐惧与不安。

6.我知道，要想克服恐惧，必须毫不犹豫，起而行动，唯其如此，心中的慌乱方得以平定。

7.我现在就付诸行动。成功不是等待。如果我迟疑，她会投入别人的怀抱，永远弃我而去。

（六）自制力（自觉、自律、自控、自省、注意力、自主生命）

1.今天我要学会控制情绪。

2.只有积极主动地控制情绪，才能掌握自己的命运。

3.除非我心平气和，否则迎来的又将是失败的一天。

4.自制能把事情处理得更好。

5.我将在每晚反省一天的行为。

6.我将全力以赴地完成手边的任务。

（七）战胜失败（意志力）

1. 只要决心成功，失败永远不会把我击垮。

2. 我永远不再自暴自弃。

3. 从失败学到的经验更珍贵。

4. 在每一次困境中，我总是寻找成功的萌芽。

5. 过去的是非成败，我全不计较，只抱定信念，明天会更好。

6. 我不是为了失败才来到这个世界上的，我的血管里也没有失败的血液在流动。

7. 我的字典里不再有放弃、不可能、办不到、没法子、成问题、失败、行不通、没希望、退缩……这类愚蠢的字眼。

8. 困难是成功的前提，胜利是在多次失败之后才姗姗而来。每一次的失败和奋斗，都能使你的技艺更精湛，思想更成熟，磨炼你的本领和耐力，增加你的勇气和信心。这样，困难就成了你的伙伴，发人深省，追人向上。只要永不放弃，持之以恒，每次挫折，都是你进步的机会。如果你逃避退缩，那就等于自毁前途。

（八）谦虚

我不再因昨日的成绩沾沾自喜，不再为微不足道的成绩自吹自擂。我能做的比已经完成的更好。

（九）学会坚持

1. 我坚信，沙漠尽头必是绿洲。

2. 生命的奖赏远在旅途终点，而非起点附近。

3. 我深知水滴石穿的道理，只要持之以恒，什么都可以做到。

（十）乐观（消除压力、健康）

1. 笑有助于消化，笑能减轻压力，笑是长寿的秘方。

2. 伟大的潜意识会帮助我成长。

3. 世界会为努力的人让路。

三、和谐相处

（一）相处

1.我不再难以与人相处了。

2.好人们都会来到我的身边。

（二）微笑（关心、热忱、文明礼貌）

1.只有微笑可以换来财富，善言可以建起一座城堡。

2.我该怎样面对遇到的每一个人呢？只有一种办法，我要在心里默默地为他祝福。

这无言的爱会闪现在我的眼神里，流露在我的眉宇间，让我嘴角挂上微笑，在我的声音里响起共鸣。

（三）赞扬（快乐、人见人爱）

1.我赞美敌人，敌人于是成为朋友；我鼓励朋友，朋友于是成为手足。

2.我要常想理由赞美别人，绝不搬弄是非，道人长短。

3.想要批评人时，咬住舌头，想要赞美人时，高声表达。

（四）大爱（人际关系）

1.从今往后，我要爱所有的人。仇恨将从我的血管中流走。

2.我爱家人，他们是我的亲人；我爱老师，他们传授我们知识；我爱同学，他们和我一起成长。

（五）感恩

1.我感恩上天助我成长；我感恩父母养育之恩；我感恩老师教导之恩；我感恩同学无私帮助。

2.我感恩同伴的携手并进；我感恩朋友的友谊之情；我感恩对手的激励

成长。

（六）宽容

1. 我宽容怒气冲冲的人，因为他尚未懂得控制自己的情绪，就可以忍受他的指责与辱骂，因为我知道明天他会改变，重新变得随和。

2. 我宽容犯错的人，因为他们都不知道自己犯了错，无知者无罪；明知故犯的人是那么的可怜，我也宽容他们。

3. 我宽容那些看不起我，拒绝我的人，因为他们让我更加完善。

4. 我宽容那些不理解我，误解我的人，因为他们的境界还没有那么高。